"东大伦理"系列·《伦理研究》

江苏省道德发展高端智库 江苏省公民道德与社会风尚协同创新中心 东南大学道德发展研究院

Ethical Research

伦理研究

对话文明时代的伦理理念　【第七辑】

主　编：樊　浩　Thomas Pogge
　　　　Alexander N. Chumakov

执行主编：蒋艳艳

东南大学出版社
SOUTHEAST UNIVERSITY PRESS
·南京·

图书在版编目(CIP)数据

伦理研究：对话文明时代的伦理理念.第七辑／樊浩，(德)涛慕思·博格，(俄罗斯)亚历山大·丘马科夫主编.—南京：东南大学出版社，2021.6
　ISBN 978-7-5641-9916-6

Ⅰ.①伦…　Ⅱ.①樊…②涛…③亚…　Ⅲ.①伦理学—文集　Ⅳ.①B82-53

中国版本图书馆 CIP 数据核字(2021)第 258318 号

责任编辑：陈　淑　　责任校对：张万莹　　装帧设计：余武莉　　责任印制：周荣虎

伦理研究(第七辑)——对话文明时代的伦理理念
Lunli Yanjiu(Di-qi Ji)——Duihua Wenming Shidai De Lunli Linian

主　　编	樊　浩　Thomas Pogge　Alexander N. Chumakov
执行主编	蒋艳艳
出版发行	东南大学出版社
社　　址	南京四牌楼 2 号　邮编：210096　电话：025-83793330
网　　址	http://www.seupress.com
电子邮箱	press@seupress.com
经　　销	全国各地新华书店
印　　刷	南京凯德印刷有限公司
开　　本	889 mm×1194 mm　1/16
印　　张	7.75
字　　数	236 千字
版　　次	2021 年 6 月第 1 版
印　　次	2021 年 6 月第 1 次印刷
书　　号	ISBN 978-7-5641-9916-6
定　　价	65.00 元

本社图书若有印装质量问题，请直接与营销部联系。电话(传真)：025-83791830

《伦理研究》编辑委员会

顾　　问

　　杜维明(美国)　成中英(美国)　Luca Scarantino(意大利)　郭广银

轮值主任

　　姚新中　杨国荣　万俊人

联合主编

　　樊　浩　Thomas Pogge(美国)　Alexander N. Chumakov(俄罗斯)

委　　员(以姓氏首字母为序)

　　Alexander N. Chumakov(俄罗斯)　曹　刚　董　群　樊　浩

　　贺　来　黄　勇(中国香港)　焦国成　李晨阳(新加坡)

　　李翰林(中国香港)　李　萍　Thomas Pogge(美国)　潘小慧(中国台湾)

　　Hans Bernhard Schmid(奥地利)　孙春晨　王　珏　王庆节(中国澳门)

　　徐　嘉　阎云翔(美国)

目 录

伦理对话

杜维明与迈克尔·桑德尔的对话 ……………… 杜维明　Michael J. Sandel　001

《伦理研究》共同主编三人谈

人类文明最后的"伦理觉悟" ………………………………………… 樊　浩　016
Thinking about Ethics ……………………………………… Thomas Pogge　024
Ethics and Values in a Global World from a Philosophical Point of View
……………………………………………… Alexander N. Chumakov　034

伦理记忆与实证伦理

改革开放四十年中国乡村道德生活的变迁 ………………………… 孙春晨　044

伦理共识的哲学基础

"伦理共识"与人的生存方式的重构 ………………………………… 贺　来　050
我们该如何待人？——"以直报怨"还是"爱仇敌"？ ……………… 潘小慧　062
道德偶然与生生之道 ………………………………………………… 庞俊来　068

伦理前沿问题与道德发展

我们对绝症患者的责任——契约主义与医疗协助死亡 …………… 李翰林　077
艺术与道德的合宜关系 ……………………………………………… 尤煌杰　093
"发展"观念的伦理诉求 ……………………………………………… 任　丑　102

附录

探寻中国伦理道德发展的精神轨迹
　　——《中国伦理道德发展数据库》暨"中华伦理记忆工程"建设纪实
……………………………………………………………… 吴　楠　110

伦理对话

杜维明与迈克尔·桑德尔的对话

杜维明(1940—),北京大学人文讲席教授、高等人文研究院院长,哈佛大学荣休教授,美国人文社会科学院(AAAS)院士,国际哲学联合会(FISP)常务会员暨第一副主席,国际哲学学会(IIP)院士,台湾"中央研究院"院士。杜维明先后求学于东海大学和哈佛大学,受教于牟宗三、徐复观、唐君毅、史华兹、杨联陞、艾里克森、W.C.史密斯和帕森斯等中外著名学者,1966年获哈佛大学博士学位。杜维明教授的代表性学术出版物包括《青年王阳明——行动中的新儒家思想》(Neo-Confucian Thought in Action: Wang Yang-ming's Youth, 1976)、《道·学·政——论儒家知识分子》(Way, Learning, and Politics: Essays on the Confucian Intellectual, 1993)等。2002年,五卷本《杜维明文集》由武汉出版社出版;2013年,八卷本文集《杜维明作品系列》由北京三联书店出版;2013年、2016年八卷本文集《杜维明著作系列》在北京大学出版社刊行。

杜维明先生是享誉全球的儒学思想家,长期致力于阐释儒家经典,借鉴各轴心文明及非轴心文明的核心价值,在"启蒙反思"的基础上,以文化多元发展的眼光审视东亚的儒家传统,以掘井及泉的精神为中国的文化复兴投注长达50余年的心血。杜维明以儒家的自我反思和自我批判的精神倡导"文明对话",构建"对话文明"的论域,定义了中华文明"学做人"的文化特质及兼容并蓄的文化能力。杜维明同时建构与解构了"文化中国"的概念,超越了地域与政治的版图,为研究中华民族的自我认同及文化特征并构建具有群体批判的自我意识提供了理论基础。杜维明创造性地转化了儒家的传统文化,开拓了"儒家第三期发展"的视野。

迈克尔·桑德尔(Michael J. Sandel,1953—),美国政治哲学家,哈佛大学政治哲学教授。1975年从布兰迪斯大学(Brandeis University)毕业并获得政治学学士学位,后师从著名哲学家查尔斯·泰勒(Charles Taylor),在牛津大学贝利奥尔学院(Balliol College)以"罗德学者"身份获得博士学位。某些时候,他被认为是一个社群主义者。其"公正"(Justice)课程是哈佛大学首个可在网络和电视上免费观看的课程,包括中国在内的全球数以千万计的听众都对它进行过评论。2010年,桑德尔被《中国新闻周刊》评为"影响中国2010年度海外人物"。他因在其处女作《自由主义与正义的局限》(Liberalism and the Limits of Justice, 1982)中对约翰·罗尔斯《正义论》(A Theory of Justice, 1971)的评论而声名鹊起。其他重要著作还包括《民主的不满:寻求公共哲学的美国》(Democracy's Discontent: America in Search of a Public Philosophy, 1996)、《正义:正确的举动是什么?》(Justice: What's the Right Thing to Do? 2009),以及《金钱无法买到:市场道德极限》(What Money Can't Buy: The Moral Limits of Markets, 2012)。2002年,桑德尔入选美国艺术与科学院院士;2012年,被《外交政策》(Foreign Policy)杂志评为"全球顶级思想家",并在2014年获得荷兰乌得勒支大学"荣誉博士"称号。

杜维明:我们发起了这个对话系列,这是一次对谈,而不是"采访"。

桑德尔:太棒了。

杜维明:您大作的中文版已在中国流行开来,这次对谈将非常有意义。

桑德尔：我这里有一本《自由主义与正义的局限》（万俊人译，译林出版社，2001年出版），我想请您过目，因为我不能判断这是不是一部好的译作。

杜维明：标题是"自由主义与正义的局限"，翻译很到位。

桑德尔：是的，其他部分呢？

杜维明：这个译者还翻译了 The Law of Social Justice。他现在是清华大学的哲学教授。清华大学是一所侧重理工科的大学，不过现在也在努力成为一所综合性大学。他在这里（哈佛大学燕京学社）做了整整一年的访问学者，现在又回到了清华大学。

桑德尔：他是个哲学家吗？

杜维明：他是一个侧重伦理的哲学家。您知道，"社群主义"有两种译法。一个是基于社会，更具社会学意味；另一个则更具哲学意蕴，它指代一个可以共享的组织，不仅是生理意义上的，而且是政治体意义上的，一群人分享同一个政治体，包含了某种"奉献"感。

桑德尔：这两个词是什么？

杜维明：一个是"社群主义"。社群，意为社会团体。另一个是"共同体主义"，是关于共享的组织或共享的社区的术语。我认为他的翻译其实很好，他用了第二个名词。我认为这是一个新名词，就像他们接受"认同"这个概念时一样，"认同"被翻译进入大陆学界是在20世纪60年代。

桑德尔：您是如何得知这个情况的呢？

杜维明：我可能过于强调概念本身，而在体验方面有所欠缺。从认识论的角度来解读"身份认同"，我觉得最好是通过共同的关切或体验式的认识来理解什么是团体和社群之间的联系。

桑德尔：是的，所以这个问题和翻译问题很相似。

杜维明：没错，它总的来讲是一个关于认同的问题。埃里克森（Erik Erikson，1902—1994）在早期研究中使用了"认同"这个概念。我想是在《青年路德：一个精神分析和历史的研究》（Erik Erikson, Young Man Luther: A Study in Psychoanalysis and History，康绿岛译，中国台北：远流出版事业股份有限公司，1989年）中第一次提到了"认同危机"，他所想要谈论的其实是人类发展的一个特定阶段，但他从未料到这个词后来会被如此广泛地加以使用。当时，这仅仅意味着心理史、历史及其互动。后来这个词不仅用于个人身份认同危机，还用于专业团体、社会学、哲学的身份认同，然后是国家和文化的认同。

桑德尔：是的。

杜维明：我回母校（这里指台湾东海大学，译者注）教的第一门课是"现代中国的文化认同与社会转型"。

桑德尔：您什么时候教的？

杜维明：1967年，回到台湾之后。

桑德尔：当时您用的主要文本是什么？

杜维明：主要是与现代化和民主化有关的文本。我当然会提到托克维尔（Alexis Charles Henri Clérel de Tocqueville）的《论美国的民主》以及涂尔干（Émile Durkheim）的《社会分工论》。我也在一定程度上运用了韦伯（Max Weber）的理论。在韦伯从礼俗社会（Gemeinschaft）到法理社会（Gesellschaft）的整套观念中，现代化对他所谓的永远无法再现的"世界大同"都是不利的。我觉得你的工作是以某种方式试图说明"并非如此"。

桑德尔：是的，我非常感谢您对我工作的理解。您刚才提到的托克维尔、涂尔干和韦伯的三个文本，是不是已经有中文版了？

杜维明：是的。事实上，我深受像塔尔科特·帕森斯（Talcott Parsons）这类非哲学家的影响。我刚到哈佛大学时，特别感兴趣的三门哲学类科目是美学、伦理学和宗教哲学。然而，我们这里的同事都没有认识到它们的重要性。

桑德尔：我们到现在也还存在这个问题。

杜维明：是的，不过现在好多了。每个人都在处理伦理问题，但研究宗教哲学的就不多见了。

桑德尔：那些就是你刚来这里时学的三门课？

杜维明：不，那是我想学的三门课。我获得了哈佛燕京奖学金，所以我可以进入哲学或其他学科，但蒯因（对于哈佛大学哲学学科的影响）（蒯因，Quine Willard Van Orman，1908—2000）是如此突出，以至整个（哲学类）课程的重点是逻辑学、认识论、心灵逻辑、语言哲学和形而上学。我感兴趣的领域却皆被认为不合时宜。他们邀请了密歇根大学研究情感主义的查尔斯·史蒂文森（Charles Leslie Stevenson）来讲课。他是唯一一个教授伦理学的人。其他对此感兴趣的人是莫顿·怀特（Morton White），但他后来去了普林斯顿高级研究院。后来，对我的研究非常感兴趣的只有亨利·艾肯（Henry D Aiken）了。

桑德尔：我知道亨利·艾肯。他在布兰迪斯大学（Brandeis University），那里是我的本科母校。

杜维明：他是那时唯一一个从哈佛大学辞职到布兰迪斯大学的终身教授。他加入过一个叫做"精神史"的小组，他非常乐于助人，但他的同事们对此并不热衷。

桑德尔：我明白了。您是后来才开始把新儒家思想和这些西方哲学观念结合起来，还是说在刚开始学习的时候就萌生了这个想法？

杜维明：当我刚到这里的时候，就被儒家人文主义和像史华兹（Benjamin Schwartz）这样的人所深深吸引。史华兹对我的帮助是非常大的。费正清（John King Fairbank）也是汉学大家，不过我们之间的互动不是很多。尽管如此，他对我还算不错，曾安排过我和朱迪丝·施克莱（Judith Shklar）共进午餐。她当时是哈佛的助理教授，我那时也不知道她未来会成为学术大咖。她非常乐于助人，当然费正清也曾帮过我。我在哈佛遇到过不少人，还有肯尼斯·加尔布雷斯（John Kenneth Galbraith），他现在是我的邻居了。他95岁了，我们刚才还碰到了。我意识到有不同的自由主义传统：既有哈佛学派，也有芝加哥学派。肯尼斯·加尔布雷斯非常强调政府在公民权利方面的作用，我将芝加哥的自由传统称为"市场原教旨主义"。事实上，即使是"自由主义"这个词，在美国和欧洲也有着诸多不同的含义。在欧洲，称某人为"自由主义者"，就是说他们是芝加哥学派式的市场自由主义者，就像撒切尔夫人和里根一样。在欧洲，这就是自由主义的意思，而在美国，自由主义一般是指约翰·肯尼斯·加尔布雷斯（所言的"自由主义"）。但我认为，在相当长的一段时间里，包括哈耶克（Friedrich August von Hayek）在内的芝加哥学派被边缘化了，他们没有被视为美国自由思想的主流。

桑德尔：冯·哈耶克？是的。据我所知，芝加哥学派的巨擘米尔顿·弗里德曼（Milton Friedmann）自称为自由主义者或古典自由主义者。现在我们称其为自由主义者或市场自由主义者。

杜维明：你是说像诺齐克？

桑德尔：是的，诺齐克、弗里德曼和哈耶克。

杜维明：我明白了。从政治学角度而言，你是对的。

桑德尔：在我的"公正"课上，我们一起读了他们的三本书。这确实符合你所说的芝加哥市场自由主义。

杜维明：还有布坎南（James Buchanan），三年前我曾在乔治·华盛顿大学做过一个演讲，福山（Francis Fukuyama）和布坎南作为与谈人在座。我很惊讶布坎南有古典自由主义思想，他观察到，"过去我认为自由是我们在市场中唯一需要强调的品质。现在我觉得'责任'是不可或缺的，但还不够"。我说："还有什么别的品质吗？比如正派（decency）？"他说："是的。如果人不正派，他们就不可能有责任心，也不可能自由；他们可能会对公益非常不利。"我不知道现在他是否改变了之前的看法，或者至少能够感觉到古典传统是不够的。他深受南方政治人物（包括参议员）等的欢迎。

桑德尔：南方保守派。

杜维明：是的，保守派。他们建立了一个中心来纪念他。然而，在他60或70多岁的时候，他对新思想、对我们的想法更加开放。

桑德尔：现在我想知道如果你对他直言不讳，他会说什么？他的观念非常保守。

杜维明：非常保守，我不确定他会如何回应，不管是从个人品质还是别的什么而言，我还是不太明白他所说的"正派"的含义。我怀疑他的正派观念是否会使得他在社会领域支持公民具有相互的义务。

杜维明：是的。不过我不认为他会在这类政策问题上走得太远。

桑德尔：对自由主义的不同理解可能会让人困惑，但也很有启发性。我有时认为，在美国，政治辩论在很大程度上是由那些秉持共同前提的人所主导的，这是一个非常深刻的个人主义前提，不过他们对个人主义的实现形式却不能达成共识。自由主义者，或者说市场自由主义者，秉持最小政府原则，认为政府应当受到限制——让市场说了算！然而，平等自由主义者也从同样的个人主义前提出发，但他们认为尊重个人权利和个体自治的唯一途径是建立一个公平的社会福利国家框架，并提供合宜的最低公共保障。尽管相对狭隘而又非常个人主义，但他们争论的前提是相同的。我认为你们所做的部分工作可能和我们所做的某些工作有相似之处，即挑战这种个人主义。您难道不同意吗？

杜维明：我同意你的看法。我想说的是，罗伯特·贝拉（Robert N. Bellah）可能更同情非个人主义。

桑德尔：是的。我认为他是挑战个人主义前提的人之一。

杜维明：我必须承认，他对我的早期生涯有着决定性的影响。他是塔尔科特·帕森斯（Talcott Parsons）最好的学生，而且他的想法非常与众不同，最终他决定去伯克利。显然他已经对洛克传统非常不满，认为洛克的原初状态中没有历史、没有文化、没有社会联系，这明显是我们所要面对的问题，这使我们误入歧途。

桑德尔：是的。

杜维明：我想让你了解一下我们哈佛燕京学社，尤其是我自己一直在关心和探索的问题。我们有一个"启蒙反思"项目。我们的想法是，启蒙的人文主义是如此强大，以至于整个的中国儒家传统都被解构了：因为他们要科学，要民主，要向西方学习这些伟大的价值观；而传统则被认为昔日封建的背景。但是在最近几年，一些人开始反思启蒙，不仅仅是从现代主义或后现代主义的角度，也从儒家传统的角度来思考启蒙。这是在更广泛的背景下进行的，因为启蒙传统对犹太教、基督教、印度教和伊斯兰传统也有影响。我们的假设是，人类历史上最强大的意识形态，特别是在现代，必须是启蒙运动、自由主义、资本主义和社会主义。它是世俗的，但很强大。启蒙运动中所体现出的价值观，如自由、理性、程序正义、人权和个人尊严等，现在已经被包括中国在内的人们承认为普遍适用的价值观，而不仅仅是普遍化的价值观。我想我们都很珍惜这些概念。从儒家的角度来看，我们当然接受这些价值，但是简单地把这些价值杂糅在一起，还不足以解决当今人类的复杂状况。

桑德尔：我同意。

杜维明：从儒家的观点来看，个人自由不只是平等的问题，而且是具有公正意味的正义。除了理性之外，还有同情的问题，或者佛教的慈悲观念。除了正当的法律程序或合法性之外，文明也是必不可少的，就像关于公民共和国的新概念一样。除了权利，显然还有责任。除了个人之外，还有一种整体的公共联系感。我们有时可能不得不争辩说，同情心更重要，就像卡根认为同情心是道德理性的基础，而不是理性。

这些是我们一直在探索的问题，也是为什么我们对你们的工作非常感兴趣的原因。我们认为这是复兴这一传统的开创性尝试。所以，请您告诉我们一些近来您对此的想法。我们都熟悉您所著的涉及探寻美国大众哲学整体性问题的《自由主义与正义的局限》（Liberalism and the Limits of Justice）、《民主的不满》（Democracy's Discontent）等著作，以及其他一些论文。

桑德尔：是的。我觉得您的项目非常有意思，很有启发性，我想了解更多。首先，我完全同意你所说的启蒙理想是重要的，但也不足以成为合宜的伦理：既不足以作为个体伦理，也不足以作为公共伦理。

我认为这是一个非常重要的起点。其次，我认为启蒙传统，以及那些渴求启蒙理想的社会中的人，可以在启蒙之外的传统（包括能够与启蒙思想对话的儒家人文主义传统）中学到很多。基于这两个理由，我认为这是一个既重要而又令人兴奋的项目。

我想说还有第三个理由，也是最明显且最重要的一个——文明间对话和理解的重要性，而大多数人正是因为这个理由才开始的。——我希望可以更进一步，这个过程是非常重要的，但是你提出的不仅仅是不同文明和传统相互理解以便减少冲突、增进了解的问题，而且指出那些渴望启蒙理想的西方人本身也有东西要学。我想说，即使只是为了他们理解自身，也需要从教育中接触儒家人文主义与其他启蒙前的传统。这不仅仅是为了更好地相处，更是为了增进相互了解，真正改善、深化和补充各自的伦理传统本身。基于所有这些理由，我认为这很重要。

现在，要深入探讨这两种传统交融的实际内容，启蒙主义道德哲学和政治哲学的一个伟大愿望就是将道德和政治权威视为自足的。所以某种意义上，康德的自律概念是这个研究的终极成果。康德的深刻洞见是，如果我们完全将人理解为自由的，那么仅仅像霍布斯、洛克和经验主义者的思想那样，把自由理解为没有阻碍地满足欲望，或作为一个自主的人——甚至被我们为自己立法的欲望或意志所支配的人的意义的完全自由——是不够的。因此，存在一种完全自足的自由观念，它含摄于一种受法和人自身主宰的自律之中。因此，在某种程度上，这是自由主义自足性的终极表达，但这种自由思想是否足够？我并不这么认为。

《自由主义与正义的局限》的一部分试图表明罗尔斯在当代正义论中构建的康德式自由观念是不足的。对罗尔斯来说，这种自足的概念存在于这样的观念中：对界定了我们权利的正义原则的辩护不需要依赖于实质上的好生活或人类繁荣的概念。这就是康德的自足概念的罗尔斯版本。需要应对的一个重大问题是在现代社会人们关于好生活无法达成一致，于是他试图证明我们还是可以得出一些正义原则，它们不依赖于任何关于善的概念。但是我认为罗尔斯的构想和康德道德自律的构想的失败是由于同一个原因，即这种完全自足是不管用的。于是问题就变成了"对人类而言，可获得的道德资源是什么"。尤其是如果我们是处于情境中的、普通的存在者，我们必须问我们如何处于情境中，处于何种传统，这些传统里有哪些关键资源。这些都是仍待探索的大问题，但是最起码目前的议题就是启蒙所构想的自足——不管是康德的自律概念还是罗尔斯作为实践善的"正当"概念。如果这一启蒙构想是不足的和不成功的，那么我们就不得不开始寻找其他道德资源。查尔斯·泰勒指向的是自我的根源。

杜维明： 是的。

桑德尔： 我从查尔斯·泰勒那里学到了很多，他是我的老师。

杜维明： 真的吗？在哪里？

桑德尔： 在牛津。

杜维明： 他来过这里，我们曾进行过讨论。

桑德尔： 是的，他跟我说过和您讨论的事。在牛津大学的时候，我和他一起学习亚里士多德、黑格尔和自由主义。他也赞同你的项目和想法。他追溯到黑格尔对康德的批判，正是基于这样一个理由：完全实现的伦理生活是伦理性、情境性的，它不能脱离人类的处境，或个人或社会的特定生命史。一旦个体觉察到寻找自我、安顿自我的需要，并将其与美好生活和情感生活的传统观念联系起来，那么就有了更多的与对人类处境认识深刻的其他传统进行对话的空间。这为儒家人文主义以及其他传统和启蒙思想的对话打开了一扇大门。

杜维明： 我想我们可以把麦金太尔的《追寻美德：道德理论研究》（*After Virtue: A Study in Moral Theory*）也囊括进来。我的考虑是，为什么康德主义的设想在世界上仍然有很大的说服力，也就是为什么很多人成为你所描述的社群主义或者儒家人文主义的真正的批评者？另一个是我从社会学家彼得·伯格（Peter L Berger）那里学到的。他认为，全球化终究在某种程度上与个体自由问题有关。换句话说，对于个人而言,全球化意味着更多的选择和更多的可能性。所以,一个是康德关于独立自主的自我的观念,在这种情况下,人类情感甚至没有被牵涉进来,这只是关于范畴性特征的理性断言。另一个是全球化大趋势也凸显了个体,我们可以在市场驱动的社会中看到这种趋势的说服力,比如现在的中国。我认为关于情景化的自我的问题现在显得更有前瞻性了。您预见到了这个问题,综合考察了社群主义将如何维护个人尊严。

桑德尔:是的。

杜维明:同时,这种综合可以克服洛克式或康德式"个人"观念所带来的明显负面后果,包括许多可能是意料之外的负面后果。

桑德尔:是的,全球化背景确实显现出了这些问题,因为从根本上讲,全球化是市场关系跨越国界和其他传统边界的传播,因此,市场关系变得普遍化,并宰制着曾经被认为不受市场流动保护的生活领域。在某种程度上,个体理想在全球化市场体系中被带到了一个逻辑极限。但存在一个悖论,因为在许多方面,全球化市场体系的影响会损害个人尊严,在实践中,在国家共同体层面上管理或者调节市场变得越来越困难了。这就是全球化的含义:国家和地区的控制力越来越弱。其结果是公司、市场力量和资本市场支配着人们的大部分生活。尽管市场本应以尊重个人和个人选择的名义而存在,但实际上却产生了剥夺个人权力的效果,芝加哥学派会告诉你市场是关于选择的,并尊重个人选择。

杜维明:个体自由化。

桑德尔:是的。但另一方面即是权力的实际结构。不受公共道德或国家公益关切制约的大规模市场社会,最终淹没了个体。因此,个人主义与全球化市场有着双重关系。此双重关系的第二种情况是一种权力的丧失。我认为全球化市场的另一个影响是排挤那些生活领域,包括与个人主义和市场关系相对应的特定社区甚至宗教传统。我认为,这是造成抵制全球化的部分原因。在市场社会中,面对巨大的权力结构,个人的权力被剥夺,社区和认同的中间形式也受到侵蚀。这些因素加在一起造成了一种混乱感,并常常加剧对全球化的抵制。我认为全球化和个体之间存在一种矛盾关系。

杜维明:在孟子所生活的那个古典时代,他被迫面临两个挑战:一是所谓杨朱传统中的极端个人主义,二是墨家抽象的普遍主义和集体主义。墨家讲的是兼爱,以及人必须摆脱特定社会的所有束缚,从而成为一个真正的世界公民,以最公正的姿态为社会服务。实际上,在近30年中国所发生的事情中,这个思想扮演了一个非常重要的角色。这就是为什么这种抽象的普遍主义具有集体主义的形式。

桑德尔:过去30年的中国确实如此,很贴切。

杜维明:我认为这很符合这样一个观念:必须摆脱封建的过去,以及所有的原始纽带——家庭的、社区的,等等,这样才能成为世界、国家和部落的公民。

桑德尔:这个思想者是?

杜维明:墨子。

桑德尔:他是直言其意还是隐晦述说?

杜维明:隐晦的。不过他以更为积极的方式唤起了对儒家"差等"模式的反对。孟子以对人的情境假设,作出了对极端个人主义和极端集体主义这两个挑战的回应,孟子与这两种极端观念的分歧之处在于,是否将个人作为实在具体的个体,从内外两方面来进行考察。如果你的构想完全无所依凭,那么你必须重来,否则将有所疏漏或者只是空中楼阁。人总是被家庭关系、社会等方面因素"情境化"。就人的意识和关注而言,主要的问题在于如何扩展或延伸个人视野,使之不断地"触及"世界的其他领域。所以他们用的术语是"推扩"。与父母和兄弟姐妹的二元关系是推扩的基础。如果不能推扩,就是自私或任人唯亲。故而,我们必须始终以公共精神来做这件事。但这并不意味着你必须走出自身的角色,这并不会影响推扩的能力。所以我认为从你的当地社群(local communities)的意义上来讲,所有这些对美好生活的理想都是非常有意义的,但并不是以所谓的狭隘的地方观念的形式,而是要努力去实践的。它不是作为抽象普遍主义形式的兼爱，而是对人类甚至超越人类的同情和怜悯的能力。并且，人不会为了建立家庭关系或公共关系而失去自己的位置。我认为，推扩也许不足以解决问题，但就我们今天面临的问题而言，至少这个概念本身得到了丰富。

桑德尔：是的，我同意。这很好地描述了个体伦理和政治哲学层面上的挑战，同时也是某种伦理的精神意义上的挑战：一方面要避免你所描述的抽象普遍主义、超脱和自足；另一方面又不会陷入偏狭。要超越自身和当下去关怀更广泛的视域（horizons of concerns）。我认为这是一个巨大的政治挑战，可能是我们这个时代最大的政治挑战。我认为在不同层次的联系，及其所产生的不同层次的社群和认同上，我们并未妥善解决政治体制的问题。这个任务很艰巨。我认为这根本上是政治的问题，而非仅仅是个体层面或个人道德层面可以解决的问题。因为这需要一种差异化或明确化的公共生活，具有多重身份，一些更特殊，一些更普遍，但仍保持在一种综合生活方式的张力中。在这种不同的图景上，有时相互竞争，有时重叠的身份之间不可避免地会出现紧张关系，但政治是必须的，要努力发展组织机构、生活形式、社群形式和身份认同，用没有流于普遍主义的公共生活将人们从自己的自私狭隘中拉出来。

这是全球化所要求的，但我们尚未解决这个问题。世界市场正是问题所在，它不足以维持多样而直接的身份认同形式，也许正是世界市场侵蚀了它们。在美国，我们还没有找到解决这个问题的好办法。地方政府有着悠久的传统。即使在新英格兰，城镇也是托马斯·杰斐逊认为我们需要的一种方式，他指出必须有一个分权的去中心化的政治体系，以便使人们最终培养起爱国主义精神，而不仅仅是让他们只认同自己的城镇。托克维尔看到了这一点。

杜维明：是的，这在美国被视作一种强大精神力量。

桑德尔：是的，是的。但是现在我们已经偏离了这一点，中间的组织机构变得更弱了，在一个世纪左右的时间里，这种偏离是国家层面的，是个体和民族国家之间的直接关系。这在很多方面非常重要，比如民权运动。州和地方的中间形式是偏见的堡垒，因此，美国资本主义的发展以及争取公民权利的斗争致力于将政治权威、权力和责任转移给国家，并将个人视为国家的公民。但这也逐渐减少了来自中间权威的控制。

在欧洲，对民族国家的挑战随处可见。一方面，通过放弃主权和权威走向"更大的欧洲"的运动，同时也被拉向渊源于语言的区域性和本土性的政治认同。这显现出了二者之间的张力，但我认为其他地区也没有解决这一问题。

杜维明：我虽然见过约翰·罗尔斯几次，但还不是很了解他。我很欣赏你对他研究的批判性思考。我很难认同他的"公"和"私"的概念。我觉得对人类繁荣至关重要的人类生活的很多方面都是极其"私人的"。例如，宗教是涉及个人内心层面的。当我把宗教研究介绍给哈佛大学文理学院，而不是将其仅仅视为神学院的科目时，伯顿·德雷邦就代表了这种批评。他说："我对自己的宗教非常忠诚。我是一个有信仰的犹太人，但这只是我自己的事。我认为宗教信仰无法研究，也不是需要在公共领域讨论的问题。"公和私的区分到底在哪里？比如私人企业意味着什么？跨国公司甚至比国家和州都更具公共性。

问题在于，儒家关于同情的观念从表面上看似乎过于浪漫。诚然，就人的特殊生存状况而言，处于情境中的人可能会感觉到与那些关系密切、感情投入更大的人有更亲密的关系。然而，我们可以用一种非常具体和经验性的方式来推扩怜悯或同情的概念。你不能要求一个感觉不到与某人有亲密关系的人投入大量的精力和时间，但这是可以培养的。这也就是提升关怀的层级，使之由近及远，推扩之远近取决于你怎么做。教育是有用的，而强调人有关爱他人的潜能也很重要。这是一个非常渐进的过程。因此，成为人的一种方式，或说在更广泛的意义上成为人，就是将"不忍"扩展到你能够"忍"的领域。也就是说，你不能忍受那些与你非常亲近的人，如你的孩子、你的家人等的痛苦，但是你有时可以忍受一个陌生人的痛苦，因为你们没有情感上的联系。你可以逐渐向外扩展那种非常厚重和情景化的感觉，然后渐渐地，你的人性会得到扩充，而其他人也会如此，这样人们就在表面上建立了一种情感联结，而每一种情感都具有政治含义。

但历史经验时常与之恰恰相反。反过来说,首先,如果你是激进主义者,那么以最严厉的方式对待敌人是非常重要的,因为如果你对敌人友好,你就是不辨是非。所以人们从"忍"开始,然后推而扩之。例如,如果你的朋友和同事不是这个团体的一部分,那么你就把自己和他们一刀两断。渐渐地,你甚至会(将这种"忍")转嫁到你的家人,甚至你的父母身上。人们不得不如此。这完全颠覆了儒家把人的强烈感情推扩到他们的亲人以及陌生人身上的概念。从敌人开始,然后一路推而扩之。这是完全相反的。我想现在每个人都在努力恢复情境感(a sense of situatedness)。当然,人们开始颂扬家庭关系的重要性,然而许多这样机制性的组织结构,如社群精神和社群联系,都已经被摧毁了。我们试图恢复传统,但又面临着许多形式的狭隘主义以及如何超越这些狭隘的地方观念的问题。

关于公和私之间的关系,一种具有启发性的想法是,假设公共精神总是一种积极的价值。根据这种假设,相对于我和我的家人,我认为自己是属私的。如果我开始关心我的家庭而不仅仅是我自己,那么这就是一种公共精神的体现。如果家庭是私,那么邻里社区就是公。如果邻里社区是私,那么大社会就是公。如果大社会是私,那么国家就是公。如果国家是私,那么国际社会是公。如果整个人类都是私,那么涉及动物等更大范围的世界就是公。在一系列连续的循环中,你永远不会离开你的私人领域。如果你能成为一个与家庭密切相关的人,那你就不会失去作为一个独立个体的尊严和具体性。

桑德尔:你扩大了同情和关心的范围的同时,也扩大了私域的边界。

桑德尔:我的问题是:意识,更广泛、更具公共意义的自我,以及超越了狭隘的熟悉领域的自我意识,与扩大个体叙述或生命故事感有关吗?在更加宏大的叙述中扩展和观察个体自己的故事,是否会影响到我所认同的更广泛社会的命运?我想试着用义务和团体凝聚力来描述这一点,提出一个叙述性的自我概念来反对完全内在或排他的自我。我想考察这种成员义务,就像你说的那样,这种义务是特殊的,但并不简单地是个人主义的。我想在伴随着某种宏大叙事的认同感或归属感中考察这一问题,而不是走向某种情感、感觉或怜悯。爱国主义和情感效应有其情绪性的维度,但构成这种义务的是一种感觉——即我对那些与我曾共同生活过的人负有责任。

这才是我真正关心的问题:我是用不同的语言来诠释一种非常相似的现象,还是我的直觉认为此中的伦理道德确实存在差异?我担心造就它的主要是同情、感情或情感因素。这种担心基于两个理由:首先,我不认为同情心、感情和情感足以构成公共伦理;其次,对于公共伦理,我希望有一个共同叙事——共同的生动故事,以及成员的义务和团结(solidarity)。就此而言,我希望公共教育能够具备培育和滋养的功能。这就是为什么虽然表面上相似,但是如果用同情或感觉来表达,就会缺乏一种认知维度,这一维度对公共伦理的自我维持至关重要。情感性的描述还缺乏一种可以为批判反思传统提供基础的反思向度,即便它是在批判立场上培育出来的。我担心的是,让我们的同情心和情感得到"休息"并不能带来一种批判性的反思维度。我们可以考察一下爱国主义的例子。

在某些情况下,在这种爱国主义行为的背后,持不同政见者(以美国的越战为例)是最爱国的。有人说爱国主义要求人们"要么爱要么走",但另一部分人则抗议这场战争。抗议有两种方式,任何人都可以以正义的名义抗议。瑞典人可以以正义的名义抗议越南战争,因为它是非正义的;然而,同样抗议这种非正义性质的美国人还有更大的责任。我认为作为公民和爱国者,我们有义务站出来反对战争。我们应该为了我们的名声和义务反对战争,这是我们的责任,而不是有良心的瑞典人的责任。那么这种爱国主义实际上表达了一种反对的义务,反对特定政策,因为这些政策是不正义的。那么,在这个问题上,同情有用吗?我不确定。在这个例子中,团结一致的成员义务会要求我们提出异议,因为这涉及一种对生命故事的确定性叙述。为什么不应该发动战争?你得讲述我们的故事、传统和价值观,是这些使异见在某种意义上成为爱国行为。

杜维明:这是一个非常具有批判性的议题。在做出回应之前,我想谈几点。我完全认同您对于这两种截然不同的自我意识的看法,也认同个体性作为一种"自我",距离"利他"有着相当大的距离。

桑德尔：是的，我们都对此持批判性态度。

杜维明：在有限的区域内，当我们不将自我作为一个孤立个体来推扩，而是作为关系的中心进行扩散，并给予尊严、自治、独立，以及足够的重视时，就尤其如此。我们可以从这种中心性出发，与社会和社群中的不公正作斗争。设想一下，如果所有人都喝醉了，作为一个灵魂完满的人，我应该加入他们还是批评他们？这与人的尊严的观念有关，不仅仅是关系的扩充，更是一种构成性的力量。

桑德尔：构成性，这是一个很棒的表述。

杜维明：所以，一方面要具有个体性，与此同时尽可能地做到利他。

桑德尔：这里我们达成了一致。

杜维明：我想我们可能也会认为理查德·罗蒂（Richard Rorty）的一些观点值得商榷，实际上我已经和他交谈过很多次。他对自身以外的文化毫无兴趣，也不认同我们所发现的细微之处，这令我非常沮丧。他明确认为，一个人必须在自我实现和社会服务之间进行选择。

桑德尔：我认为他会对你提出异议。

杜维明：罗蒂认为致力于自我实现是后现代主义的题中之义。另一方面，他认为市场是万能的。我们不需要从其他地方学民主，因为我们已经做到了。就经验而言，这是最好的社会体系。

桑德尔：就经验而言，是的，没错。

杜维明：好的，接下来是列维纳斯（Levinas），就他对忠诚与对他人的关怀的观念而言，他与我的研究在很大程度上相契。尽管如此，我仍然有些不安于他在开始理解自我时对他者的强烈关注。他认为，一个人如果不关心他者，甚至会导致无法构成真正的自我。根据儒家传统经典《论语》，"古之学者为己"，这意味着在品格构建和自我实现方面将自我视为学习中的核心关系。一个人学习不是为了别人，不是为了自己的声誉，不是为了父母，甚至不是为了社会改善，而是为了自己。但是，人并非孤立的个体，因此学习本身必然会导致人与人之间的联系。

桑德尔：是的，我完全认同。

杜维明：好的。我认为刚才所提出的问题是一个基本问题。这不仅局限在儒家领域，于佛教亦是如此，佛教徒同样有此一问。有趣的是儒释之间关于这个问题有明显区别。在我看来，孟子认为情绪（譬如喜、怒、哀、乐、妒），我们称之为激情的情感与同情、移情、共情之间存在明显的区别。

桑德尔：同情、移情、共情这种情绪的总称是什么？

杜维明：是恻隐。有一个经典的例子，看到一个孩子要掉进井里，就会产生恻隐的情绪，这种情感是自发的。但它完全可以通过公共教育来培养。

桑德尔：您说"可以通过教育来培养"，自发性如何被培养？

杜维明：不，这种自发反应本身是自然而然的。

桑德尔：是吗？

杜维明：是的，但可以培养的是人们在社群中的归属感，即对整个人类社会的义务感。人类与其他动物的差异恰恰是有与他人的共情来进行自我表达的能力，它可以被培养成为一种文化。即使出于自发，文明的人也会这样做。如果并非被培养而成，这种行为也只是灵光一现。它并非一种被确切定义的特征，而是具备了多重叙事维度，既是家庭的叙事，又是社群的叙事，也同样是更具超越性的叙事。这些不同层次的叙事带来了作为义务的礼，但礼并不仅仅是仪式。

桑德尔：通过礼仪来学习，这就是最初的方式。

杜维明：但我认为最好不要将"礼"理解为仪式，而是应该理解为文明。我们现在会把"礼"理解为"礼仪"，通常翻译为"ritual"，但它最广义的义项是"文明"。因此，作为万物灵长，人首先是文明社会的一员。其次，我们也是团体中的成员，这些团体以内部团结的形式向我们施加义务。就民族而言，我们都是中华民族的一部分。细而微之，我们也是上海的一部分，是这个城市的一部分，是学校的一部分。同情并不仅仅是情感,它具备更加深刻的维度,它牵涉到千丝万缕的联系,因此需要成员内部团结一致。但你刚刚指出了一个非常重要的方向,我认为这种指向在儒家传统中并非天然存在,而需要加以培养。一种有别于传统性的思维衍生出了诤谏的概念,这与批判性反思的观念有关。例如儒者通常难以将冷酷的行为视为积极,比如父亲这一角色的可能性与应然性之间的差距。这其中有一个观念上的鸿沟,因为人们认为父亲应该表现得像父亲一样,儿子应该表现得像儿子一样。然而,很多情况下,父亲也许并未尽到责任,没有体现出父亲的身份,在这种情况下,儿子的义务是努力纠正父亲,使父亲正确。

桑德尔:这是孝的表现。

杜维明:确实如此。

桑德尔:因此这些行为是建立在实例之上的。

杜维明:这些都是思想的来源,然而不幸的是,儒家文化圈中教条化了的传统思想都不赞成这种批判性反思,而是只要求服从。

桑德尔:原来如此。

杜维明:但我认为这种批判性反思在西方文化中非常明显,为此以身殉道的例子不胜枚举。一个人或许不赞成他者的每一句话,但会捍卫他者表达的权利。这是为了保护自我表达的权利。我认为这些具体的例子,特别是关于孝的例子,都在试图强调这一方面。我认为在儒家传统中存在这样的思想资源。

桑德尔:这些思想资源就属于这个层面,你所举的"忠、孝"的例子,要求他们去纠正父亲,是为了提高……

杜维明:为了提高父亲的境界。对于国家也是如此。

桑德尔:这就是我要问的。你刚才所提到的个人榜样层面的思想资源是否已经扩展到国家、政治层面。这意味着什么?

杜维明:请允许我举一个具体的例子,一件发生于15世纪的历史事例(即1449年的土木之变,译者注)。当中国被蛮族入侵,皇帝被俘虏时,人们应该怎么做?大家都知道,皇帝是国家的象征。当皇帝被俘虏时,兵部尚书于谦意识到了问题的严重性,于是,王室和官僚机构协商决定另立新君。他们另立新主,并决定与侵略者作战。然而,敌军首领决定将旧主完璧归赵,这给中国政府造成了更大的危机。

桑德尔:是的,敌军首领在故意制造麻烦。

杜维明:确实如此。政府高层将旧主置之高阁,拥护新帝,兵部尚书为此举受到了极大表彰。但旧皇帝发动政变,恢复了他的权力。于是问题集中在了兵部尚书身上,可以认为他对皇帝不忠吗?大多数当朝的儒家学者都认为他是爱国的。这一问题在全国范围内掀起了一场重要辩论,讨论涉及了宫廷与国家之间的区别。儒者认为他们效忠于国家而非朝廷,而与国家相比,他们更加效忠于文化。在他们看来,朝廷是腐败的,国家正在做违背人民整体福祉的事情,所以他们是在为生民立命。所有这些问题,关于天下认同、国家认同与皇权认同的讨论都发生于15世纪或更早,所以说这是一个非常具有丰富思想资源的传统。但后来,这些丰富的资源却被仅仅视为思想背景,或成为将任何异议行为指为不爱国的工具。因此,令人担心的是,尽管形成共识的力量如此强大,但批判性反思却将缺位。我认为你指出了这个极其重要的问题,仅仅强调同情心是不够的——这种情感建立在人们对所辩论和争论话题的恐惧之上——更应当强调成员团结的理念和共同叙事,特别是对情感本身和国家面临的关键问题进行持续的批判性反思。从长远来看,哪些行为更有益于整个国家?这些才是关键问题。

桑德尔:这很有趣。最初的关于孝的思想资源,来自……

杜维明:来自孟子。然后是社群的问题。无论是一个部族,一个组织,或一个社会的一部分,有时候人们都会支持其所在的群体,反对来自中央的侵犯意图,要保护本土性。这在今天的中国确实如此,譬如,假如北京大学受到了北京市的批评,但当这种情况发生时,北京大学的成员会聚集在一起说明自身行为的正当性,拒绝北京市的干涉。但是,需要注意的是,不要自私,不要只保护自己的私人利益,必须考虑到中国教育形势的大局。这些争论还在继续。我认为在文化资源的问题上,这种思路是有益的。你可能想回应一下这个问题。

桑德尔:不,我觉得这很有趣,我想了解更多相关内容。在您刚刚提到的15世纪的那个具有政治意义的事件中,是否存在这种批判性的忠诚观念?它是一个持续的讨论主题,还是新中国成立后才变得风靡?或者说,这是一个持续的传统吗?

杜维明:是的,但这完全是知识分子角色的问题。知识分子应该仅仅是政治机器的一个组成部分,还是应该始终保持批判精神,不仅是在政治意义上,而且在社会和文化意义上持续为一个社会做出贡献?他们是否应该成为一个能够站在政府立场之外的群体?当然,如果你从广义的中华文化进行观察,包括新加坡、印度尼西亚和美国的中国侨民,现在的问题是爱国主义是否意味着团结。每个人都应该被认为是中华文化的一部分。爱国主义意味着使中华文化遍地开花。因此,这甚至是中华文化真正规模的问题。

桑德尔:这很有趣。

杜维明:关于你所提到的文化资源,你举了查尔斯·泰勒的例子。

桑德尔:是的。

杜维明:你也认识麦金太尔吗?

桑德尔:是的。

杜维明:你见过他本人?

桑德尔:我对他有所了解。我比较接近他的阵营。

杜维明:他们是你的另外两位同阵营者,就像共事者一样。我们称之为"同道"吧。

桑德尔:是的,思想上的同道。他们是主要成员。这在某种程度上把我们带回到犹太传统。耶路撒冷有一位大卫·哈特曼(David Hartman),你对他的学说有所了解或耳闻吗?他正在试图为犹太传统做类似你正在为儒家人文主义所做的事。

杜维明:他在希伯来大学吗?

桑德尔:他在那里任教,但他在耶路撒冷有自己的研究所,叫做哈特曼学院。大约有二十年了,他一直主办关于犹太哲学的夏季会议,与会者用一个星期的时间来学习塔木德和其他文本。他的研究让我想起了你的研究。他的研究致力于塔木德、犹太传统和启蒙哲学之间的真正交融。我与一些教授政治哲学的人并不精通塔木德,没有机会与他以及其他研究塔木德的学者一起学习。把启蒙传统和犹太传统联系起来,可以观察传统犹太教中是否有公共伦理的思想资源,是否有多元化的思想资源。

杜维明:我觉得这真的很吸引人。以色列的多元主义吗?

桑德尔:是的,他去了以色列。他原本来自布鲁克林,是蒙特利尔的现代东正教拉比,去了以色列并在那里生活了大约25到30年。他设机构的目的是研究以色列的历史并找到共同背景,因为在以色列内部,原教旨主义者的东正教徒和世俗主义者之间有着尖锐的分歧,两者之间缺少联系,所以他试图把宗教带入公共领域,借鉴犹太传统,但要用批判性的解释为民主和多元主义寻找资源,而不是让它完全世俗化。他的构想正如你为儒家传统所做的一样。所以,这些年来,我一直参与其中。

杜维明:有多少年了?

桑德尔:二十年前就开始了。我不是每年夏天都去,但我们一直保持着联系,其他人也参与其中,譬如希拉里·普特南(Hillary Putnam)、哥伦比亚大学的西德尼·莫甘贝瑟(Sidney Morganbesser)和迈克尔·沃尔泽(Michael Walzer)。

杜维明:迈克尔也在?

桑德尔:是的。

杜维明:那位来自哥伦比亚大学的是什么人?

桑德尔:西德尼·莫甘贝瑟。迈克尔·沃尔泽的作品之一就受到他的启发。他最近几年一直在编写《犹太政治传统》两卷著作,是由哈特曼的研究发展而来的,他请多位学者收集了塔木德文本,并请我们这些当代人撰写评论,把拉比式的评论中的文本与当代政治理论联系起来。其中涉及关于正义、社会、团体身份、共同利益、多元化等问题,所以我认为最终会是一个三四卷的作品。这部著作将把塔木德的思想资源置于现实语境当中。

杜维明:这真令人兴奋。

桑德尔:此外还有大卫·哈特曼(David Hartman)和迈克尔·沃尔泽等整个团体的学者,他们都是有见地的共事者。

杜维明:你和迈克尔·沃尔泽一定相谈甚欢。

桑德尔:他是位不错的友人。

杜维明:他以前在这里教书。

桑德尔:是的。确切地说,他任教职的最后一年,是我任教职的第一年。

杜维明:所以时间上是有重叠的。

桑德尔:他还是招聘委员会的成员。

杜维明:他招聘了你?

桑德尔:是的,最开始他招聘了我,但从那以后我们就成了朋友,还参加了哈特曼的研究所。所以这是另一种行之有效的将传统与启蒙相联系的尝试。哈特曼以迈蒙尼德为范例,因为迈蒙尼德完全掌握了犹太传统,却将其置于亚里士多德和希腊哲学的语境当中。哈特曼发现,实际上,这种对话的最后一次真正发生正是在迈蒙尼德时代。迈蒙尼德在使犹太传统与亚里士多德对话方面所做出的成就需要以展开犹太传统与康德、启蒙运动之间的对话的方式延续。这就是他的雄心壮志,我们也因此而参与其中。事实上,每年的会议中,我们上午学习犹太法典,下午则研究一位思想家。我们一直在研究迈蒙尼德,但列维纳斯的著作也是我们下午集中学习的内容之一。

杜维明:这太棒了。真正将列维纳斯介绍给我的人是麻省理工学院的德雷福斯(Hubert Dreyfus),一位知名的海德格尔学者。他读了我的论文,然后说:"你应该读一个人的作品,我给你一本书。"这本书就是列维纳斯的,这就是我对列维纳斯产生兴趣的源头。

桑德尔:我想找个时间介绍你与大卫·哈特曼认识,虽然他已经70多岁了。查克(查尔斯·泰勒)也参加过几次活动。

杜维明:哦,查克也参加过?

桑德尔:是的。主要是因为他对犹太传统很好奇,所以他早期来参加过一些夏季学术活动。

杜维明:你说的夏季学术活动,通常会持续多久?

桑德尔:一周。

杜维明:我明白了,这太棒了。我与我的许多研究生和纽约北部阿迪朗达克的同事们也进行过类似的学术活动。我们会在一个地方待上一周——也许我们的阵容并不强大——去读一本儒家经典。我们读过《大学》,读过《论语》《孟子》,读过朱熹、王阳明、刘宗周。在每年夏天大约一周的时间里,参会学者都会详细阅读和讨论儒家经典。有一次我们甚至围绕文本的第一行讨论了大约三个小时。

桑德尔:太好了,这是很好的方法,很像研读塔木德,逐行研读。我想介绍你认识大卫·哈特曼,他会对你的研究很感兴趣。你也许可以参观他的研究所,共同研究儒家文本和塔木德文本。

杜维明:有一句以消极而非积极方式表述的金律:"己所不欲,勿施于人。"我的一位学生告诉我,希勒拉比曾经问过他的学生,他们能否用一句话来概括整个犹太法典。然后希勒拉比说:"不要对别人做你不想别人对你做的事。"然后他教导学生们要学习《古兰经》。你知道,大多数儒家学者和犹太人对重要原则的陈述方式都是消极的,而基督教徒的陈述方式则是积极的。

桑德尔:是的。

杜维明：不同的是，在积极的表达中，人们被赋予了传播福音的权利。我有义务帮助你理解它，因为你没有接触到真正的生活方式。我需要这么做。但是在犹太与儒家文化中，意识到"人之蜜糖，我之砒霜"则是一种互惠或关切的精神。这是一种消极意义的观察，但这对宗教间的对话而言非常重要。

桑德尔：是的，这非常有趣。

杜维明：这里我想提一个问题。我不知道这是否正确，但你是否特意强调约翰·斯图亚特·密尔和爱默生的重要性？我相信公民共和主义还有其他重要的思想资源。对吗？

桑德尔：好吧，对于自由主义而言。

杜维明：对于自由主义？

桑德尔：是的，但我对密尔有些批评。

杜维明：好吧，对爱默生也是如此吗？

桑德尔：作为一个自由主义者，是的。

杜维明：我了解密尔，由于他特殊的个人经历，他对外界的任何干扰都感到非常紧张。

桑德尔：但爱默生又是为什么呢？他深受爱戴和赞誉。

杜维明：尤其是在此处。

桑德尔：在美国。

杜维明：是的。

桑德尔：去年是他诞辰200周年，研究爱默生的学者们召集了一群人来纪念。不过，他不仅仅是个文学人物，也是美国文哲学界的一个准宗教人物，因此参加者几乎肯定了关于爱默生的一切。他们爱爱默生。耶鲁大学有位文学学者魏哲·迪莫克，读过爱默生所有的作品。我有点不好意思，因为他们是值得尊重的支持者。他们爱他，而我却作为一个不赞成他的人，作为一个温和的爱默森主义传统的批评者参加他的诞辰纪念聚会。我把他看作一种文学文化的源泉，这种文学文化不是哲学的，而是一种美式个人主义层面的文学文化。

杜维明：《论自助》(*Self-Reliance*，爱默生作品)。

桑德尔：是的，还有，那些说"不，他不是真正的个人主义者"的人指出，他参与了超验主义运动。

杜维明：确实如此。

桑德尔：所以这不仅仅是个人的自私。他并不主张自私自利，但另一个选择，即更高的精神现实对爱默生而言是超越的、先验的，是普世的。所以在爱默生那里，正如你在前面的讨论中所描述的那样，精神生活在个体自立和超越的宇宙观之间没有缓冲。

杜维明：确实如此。

桑德尔：这就是为什么我不赞成爱默生，尽管他非常有影响力，尽管在传统美国文化的圈子里他也受到极高的评价。我把他视为自由个人主义观念强有力的美国式表达，包括普世主义的超验维度，我认为它忽略了道德生活以及精神生活的所有中间环节。

杜维明：还有一个关于现实世界或具象世界的问题。日常互动里，基督教传统的一个非常基本的假设是：人类应该致力于领悟生命的终极意义。如果只追求这种超越的视野，而忽视了生命的鲜活组成，那么一切都会不够完整。我提到这件事有两个原因。首先，我们至少要尝试描述某种美好的生活。第二，我做了不少讲座，经常有人走到我跟前对我说："好吧，我完全同意你的观点。"相当多的人都是普遍主义者。所以我对自己说："这里应当有所关注。"现在我意识到你对自立与超验宇宙生命的感觉之间的联系的看法是绝对正确的。虽然我对某些内容非常感兴趣，但这是公共哲学的理念。我并不是在批评我们哲学界的同仁，但我相信，在美国发展了三四十年之后，作为职业的哲学学科已经变得个人化了。只有少数实践者根据美国公共哲学传统来界定范畴。当我还是一名研究生时，真正的公众人物是像保罗·蒂利希(Paul Tillich)这样的神学家，像大卫·里斯曼(David Riesman)这样的社会学家，或是像肯尼斯·加尔布雷斯这样的经济学家。如今，风靡一时的哲学家已经消失了。他们不再出现于国家级别的舞台上，也不再谈论这些。罗伯特·贝拉曾经告诉我，最后一位公共哲学家是约翰·杜威，也许他是对的。

桑德尔：是的，我正要说约翰·杜威。

杜维明：你觉得还有哪些思想家？不必局限于美国。看来你是我们未来工作灵感的来源。

桑德尔：公共哲学的灵感和交流思想的内容可能不一样。以杜威为例，表面上看，他同时活跃于公共哲学和非公共哲学两个领域，但某种程度上，这种生活令他痛苦。但实际上这是对杜威的误读。杜威致力于创造公众，他写到了公众的消亡，认为这是巨大的损失，他并非抽象主义或普遍主义的信徒，也并不崇尚一览无余的个体本身。所以我要重申杜威的这种传统。

杜维明：哦，他将重点放在社会层面。

桑德尔：以及重要公共领域所扮演的角色。

杜维明：是的。

桑德尔：回想起来很有意思的是，在电视发明之前，公众的视野相当狭窄，当你读杜威时，反而可能会更有耐心。只有在这个时期才能成为一个公共哲学家。阅读他的作品，你会觉得这可真是个糟糕的作者，作品都令人费解。你知道，我写了杜威的文章，并提出了这些批评，同时欣赏他作为一个公共哲学家所扮演的角色。

杜维明：哦，世人熟悉杜威，似乎只是因为他在中国待了两年这件事。

桑德尔：哦，没错。

杜维明："五四"时期，他做了一场令人惊叹的讲座。他做过很多演讲，由他最优秀和最著名的学生之一胡适翻译。这引发了很多关于他的教育思想的讨论。罗素也访问过中国，还有印度作家泰戈尔。

桑德尔：我明白了。如果我选一个哲学家作为战后时代我的灵感来源，我会选择英国的以赛亚·伯林（Isaiah Berlin）。他对美国人的影响并不大，很多人都曾质疑他，但后来他的文章《自由的两个概念》对政治哲学产生了巨大的影响。他是一个重要人物，他提出的宏观问题不同于其他哲学家所关注的技术性问题。

杜维明：你曾与他共事过吗？

桑德尔：没有。我并未和他共事过，我到那儿时他已经退休了。我听过他的几次讲谈，但我并未和他一起展开研究。在美国，当时的政治理论几乎都是道德主义，而他愿意参与政治理论重大基本问题的讨论。因此我很钦佩他。但我一点也不赞成积极与消极自由的观念。伯林区分了两者，然后为消极自由辩护。他认为积极自由导致极权主义。

杜维明：你知道导致这种后果的原因？

桑德尔：是的，所以我们欣赏消极自由，歌颂消极自由。这是约翰·斯图亚特·密尔的传统，赞颂自由的公共性。对于伯林来说，在纳粹和共产主义之后，他认为保护自由的唯一途径就是时间。因此，他给个人设置了障碍，并将一切公共自由观念与纳粹或共产主义者相联系。我认为他反应过度了，他得出的结论过于宽泛。当然，他的话看似有理，但我认为他完全背离了英国自由主义者最好的传统，即密尔的传统。在他进一步讨论这种关系之前，他已经有了非常鲜明的公私差别。所以我不同意他的观点。然而，我非常敬佩他作为一个人，作为一个公共知识分子，作为一个以公共方式解决重大问题的人，而且他学识渊博，所有这些我都很钦佩。

他是上一代人，在当代，我认为他会欣赏查尔斯·泰勒。泰勒把他视为一个非常伟大的灵感来源。泰勒是一个有成就的哲学家，他突破了英美哲学与盎格鲁哲学。他不仅涉足英美哲学，而且对其他传统和其他文明也持真正的开放性态度。他对教授哲学而不是学习哲学感兴趣。查克与通过录制视频教学的人截然相反，因为他是个做到在教授时同步学习的人。他们是有联系的，所以我希望我能从他身上学到东西。无论如何，我非常钦佩这种开放性，不是抽象的宽容中的开放，而是与其他传统接触的开放。关于查克和他的作品的另一个错误是政治哲学对宗教资源的开放,因为这与当代哲学的严肃性大相径庭,后者往往对任何宗教都不感兴趣。这就是我个人对泰勒怀有无比钦佩与高度评价的原因。

杜维明:那哈贝马斯呢?

桑德尔:他是我的老师。在苏联解体的时候,我们一起去了俄罗斯,试图讨论俄罗斯联邦应该如何制定宪法。我们并未尽我们所能,但通过类似的文化交流学到了很多。所以,我认为他也算是一个公共哲学家,一个在欧洲享有巨大声誉的公共知识分子,我从他的职业道德,主要是他的事例中学到了很多东西。我不认为他仍然是个康德主义者。他并不以此自居。我不同意他关于康德的观点。但是,我钦佩他在公共哲学中,以及他在德国所扮演的角色,这很不寻常。虽然我不同意他的实际内容,他总是以非常类似于本雅明的方式,对于程序伦理进行再次强调。

杜维明:也许我们可以谈谈为什么。

桑德尔:是的,我不同意哈贝马斯的一些观点,但我从他那里学到了很多,如果哈贝马斯在德国作为一名公共知识分子活动,我会加入的。在德国的知识分子生活和公众生活中,是否有良知存在?在阿富汗和犹太大屠杀的案例中,他在德国一直勇于发声,所以我非常钦佩他。

接着我们来谈谈约翰·罗尔斯。我一直批评他的作品。但作为一个人,我同样钦佩他,从某种程度上讲,约翰·罗尔斯既是又不是公共哲学家。他的作品不是为其他哲学家和学者、法律和政治学而写的,他单枪匹马地改变了英美传统的复兴。这是很伟大的成就,所以我非常钦佩他,尽管这部作品本身并未得到更广泛的阅读。还有一个人,虽然他不是一个真正的思想家——我和他一起研究过法律问题——是波兰哲学家莱谢克·科拉科夫斯基(Leszek Kolakowski)。

杜维明:我见过他。他的基本观念与我们契合,太不可思议了。

桑德尔:他非常有趣。我有幸和他一起游历过奥地利。在宗教和哲学方面,我不能说他是我的主要的导师,但我无疑受学于他甚多,我非常钦佩他。我认为他是东欧战后公共知识分子的出色的导师,因此我可以将他列为公共知识分子,尽管他根本不是社群主义者。他是一个怀疑论者,一个生态学家,虽然他认为宗教有私人和公共领域。

杜维明:最后一个问题,就公共领域内的公民共和主义者而言,你是否觉得你面临的问题与其说是美国民主,不如说是全球化的负面后果?

桑德尔:是的。

杜维明:也并不在于公共领域的争论价值。

桑德尔:是的。

杜维明:另外,还有儒家的其他内容,主要问题在于礼仪,这实际上是社会秩序所必需的。对于人类的繁荣而言,没有了羞耻感,没有了任何一种伦理约束,没有了这些重要的精神资源,生命的众多意义就被破坏了。我并不一定认同社会契约这个概念,但也许我们可以用它来衡量。我认为这与文化能力、道德智慧的力量有关。这些对社会而言是不充分但绝对必要的。在自由主义的传统中,经济人的思想出于理性的私利,并试图在自由市场裁决的法制中使自己的利益最大化。这样的人当然不是自我实现的典范。从表面上看,你以精英主义者的身份提出这个问题,是在寻求专业解答。这种理念认为人性是完美的,我们共同的使命是教育年轻人追求伟大的理想。

地　点:哈佛大学燕京学社
时　间:2004 年 4 月 13 日
记录者:黄琦,邰谧侠(Misha Tadd)
译　者:史少秦　张倩茹　王建宝　吴蕊寒

《伦理研究》共同主编三人谈

人类文明最后的"伦理觉悟"

樊 浩[*]

(东南大学 人文学院,江苏 南京 210096)

> **摘　要**：伦理与道德在人类文明史、精神史和学术史的源头本是一对染色体或龙凤胎,然而在漫长文明演进中它或是被棒打鸳鸯,或是天各一方。20世纪是伦理发现的世纪,中西方思想家以终极启蒙的问题式将伦理觉悟推至"最后觉悟"与"人类种族绵亘"的重大而亟迫的历史关头。基因技术和人工智能、电子信息方式、新冠疫情,从人类与自身的关系、人类共同体中个体与他人的关系、人类与世界的关系三个维度,使伦理觉悟成为人类文明的"最后觉悟"。我们的时代、我们的文明热切呼唤并亟迫期待"'伦理'研究","'伦理'研究"只能在精神哲学体系和精神哲学形态中才具有真正的合理性和现实性。"'伦理'研究"不只是伦理学研究的一种新思路和新流派,而且是对待文明的一种新态度,其要义是:以伦理看待世界;以伦理世界观造就作为人类终极理想的合理的伦理世界;它呼吁并推进一种文明觉悟和文化努力——"学会在一起"。
>
> **关键词**："伦理"研究;最后觉悟;学会在一起;精神哲学

《伦理研究》辑刊创办于1999年,从2021年开始,由我们东南大学道德发展研究院与耶鲁大学全球正义研究中心、莫斯科大学全球进程中心联合主办,由我和全球正义研究中心主任托玛斯·伯格教授、莫斯科大学《全球进程》杂志主编亚历山大·丘莫科夫教授共同担任联合主编。历经中国文化中十二生肖生命的近两纪轮回,今天我们三位主编以对话的方式,探讨和回答一个重要问题:今天,为什么需要"'伦理'研究"? 我们,为什么要做"伦理"研究,而不是"伦理学"研究,或者道德哲学研究?

一、伦理与道德的精神哲学纠结:"相濡以沫"还是"相忘江湖"?

人们都说现代西方伦理道德发展的重要问题是伦理认同与道德自由的矛盾,其实中国哲学在轴心时代便以特殊话语体裁提出了这一课题,并根据两千多年的文明史做出文化选择。

《庄子·大宗师》中有一个著名寓言:"泉涸,鱼相与处于陆,相呴以湿,相濡以沫,不如相忘于江湖。"如果对这个寓言做现象学还原和精神哲学解读,"相濡以沫"是患难中的伦理守望,"相忘江湖"是摆脱伦理实体的道德自由。显然,庄子讥讽相濡以沫的伦理认同,启蒙相忘江湖的道德自由。然而数千年来,中华民族一如既往、可歌可泣地坚守的是相濡以沫,庄子竭力告诫的相忘江湖早就被相忘。最直观的证据是"相濡以沫"成为中国文化最具代表性的成语典故之一,而"相忘江湖"也许只是考证"相濡以沫"时

---

[*] 作者简介:樊和平(1959—),笔名樊浩,东南大学人文社会科学学部主任、资深教授,教育部长江学者特聘教授,江苏省道德发展高端智库、江苏省公民道德与社会风尚协同创新中心负责人兼首席专家,研究方向:道德哲学。

基金项目:江苏省"道德发展高端智库"和"公民道德与社会风尚协同创新中心"承担的国家社科基金后期资助项目"黑格尔道德现象学讲席录"阶段性成果。

的陪衬。

"相忘江湖"被相忘,"相濡以沫"成为民族精神,这不仅是文化选择,更是文明规律,这就是伦理先于道德,伦理认同优先于道德自由。但它也提出了一个具有普遍意义的精神哲学问题:伦理与道德到底该相濡以沫,还是相忘江湖?

知识考古发现,伦理(ethics)与道德(morality)自古至今都是与中西方文明史相伴的基本哲学概念。伦理被译为"ethics",道德被译为"morality",这当然是文明对话中的一种相互倾听,但中西方两种话语之间存在深刻的哲学差异,如果彼此直接等同,将导致严重的意义流失与价值异化。必须对话而又不能直接互释和简单等同,也许这就是对话文明的悖论和难题。当下中国学界在做学术概念诠释时,往往直言"伦理"即"ethics","道德"即"morality",然而,不仅中国文化中的这对概念比西方早诞生至少两百多年,而且在后者中很难找到梁漱溟先生所说的"以伦理组织社会""以道德代宗教""伦理有宗教之用"的那些文明密码,必须在全部精神史和精神哲学体系中才能把握这对概念的真谛,也才能进行真正的文明对话。

在古希腊,伦理在词源上是灵长类生物长期生存的可靠居留地。"灵长类""长期生存""可靠居留地",这些结构性要素已经赋予伦理作为人的特质和人的家园的哲学意义,但却没有像中国文化中将伦和伦理作为人与动物的根本区别,作为人的根源的意义。古希腊的伦理一般被理解为风俗习惯,因而并没有被赋予特别重要的文化价值意义和社会组织功能。由此,伦理的精神哲学地位甚至伦理的文化命运就概念地被规定。在《尼可马科伦理学》的开篇,亚里士多德便直言,有两种德性,一是伦理的德性,一是理智的德性,而他的结论是理智的德性高于伦理的德性。两种德性的区分及哲学选择中对伦理的轻视甚至藐视显而易见,这种奠基为日后的西方道德主义文化偏好埋下伏笔。如果进行文化对话,亚里士多德的观点与庄子的观点在哲学上深切相通,都是道德高于伦理、自由高于认同,甚至可以将庄子的"相濡以沫"与"相忘江湖"看作是亚里士多德两种德性的中国版和文学版。

人们常说在拉丁化的过程中古希腊的伦理被西塞罗移植为古罗马的道德,但同源文化的演进中伦理之所以演绎为道德,根本上是因为在古希腊的伦理中具有异化为道德的基因。从苏格拉底的"知识就是美德",柏拉图的众理之理的"理念",到亚里士多德伦理的德性与理智的德性的截然二分,已经给伦理异化为道德孕育了一切基因条件,只待拉丁化的"一朝分娩"。只需将亚里士多德的"理智"与孟子不虑而知的"良知",及其在精神哲学中的不同地位做一简单比较就会发现,中西走上伦理与道德两种不同的精神哲学之路是一种文化基因的"自然"。于是到康德这种道德主义便得到了哲学上的建构和理论上的完成,黑格尔所批评的"完全没有伦理的概念",甚至"对它公然凌辱"成为康德主义的重要精神哲学标识,伦理与道德的纠结以伦理道德成为"实践理性",伦理学成为"道德哲学"而获得近代哲学的和解。

黑格尔以"主观精神—客观精神—绝对精神"的庞大精神哲学体系,以及"伦理世界—教化世界—道德世界"的精神现象学体系、"抽象法—道德—伦理"的法哲学体系,在人的精神的全部发展及其辩证运动中,试图使西方精神史和文明史中伦理与道德的矛盾达到和解,以伦理与道德的辩证互动为核心,完成了西方精神哲学的宏大建构,然而完成了也就终结了。现代西方哲学故意冷落黑格尔,甚至将黑格尔当作死狗打,陷入更为深刻的精神哲学碎片和伦理道德纠结,其表征就是伦理认同与道德自由之间存在难以调和的矛盾。一方面,是康德哲学和康德主义的"望星空",脱离伦理认同的道德理性的最终命运只能望星空,所谓道德自由只是真空中飞翔的鸽子;另一方面,社群主义、商谈伦理、契约伦理、境遇伦理,试图回到伦理,让密湿瓦的猫头鹰在黄昏起飞。于是出现当代哲学家黑尔所说的伦理与道德的临界状态或摇摆状态。但重新发现伦理并在一定意义上回归伦理,确实是一种精神哲学的新觉悟。

中国伦理一开始就走上伦理道德一体、伦理优先的精神哲学之路,这种文化基因从两个维度展现。一是精神哲学理论维度,一是精神史和文明史的维度。孔子以"克己复礼为仁"奠定关于伦理道德的中国精神哲学范式,其中,礼是伦理实体,仁是道德主体,"复礼"的伦理认同是"仁"的道德主体建构的目标,"克己"或"修己"不只是自我超越,而是解决伦理与道德矛盾、实现伦理道德一体、个体至善与社会至善统一的精神哲学结构。孔子的这一精神哲学范型被孟子系统化为那个著名的论断:"人之有道也,饱食、暖衣、逸居而无教,则近于禽兽。圣人有忧之,使契为司徒,教以人伦。"①"人之有道"是终极价值和终极追求,"近于禽兽"是终极忧患,"教以人伦"是终极拯救和终极战略。由此伦理道德一体、伦理优先的精神哲学体系便得到理论上的建构并成为一以贯之的"孔孟之道"。它在两汉大一统的进程中被异化为"三纲五常",在宋明理学的形上建构和文化复归中哲学化为"天理人欲"。虽然中国伦理道德在历史发展中不断被赋予新的时代内涵,但伦理道德一体、伦理优先的精神哲学形态总是变中之不变。

更深层的文明基因存在于精神史和文明史的历史叙事中。孔子与老子、《论语》与《道德经》同时诞生,似乎演绎文明进程中伦理与道德的双元精神构造。老子及其《道德经》在出场时间上比孔子和《论语》早,似乎隐喻道德之于伦理的某种精神史的早觉。更重要的是,无论老子之于孔子、庄子之于孟子,道家在学问上可以说高于儒家,孔子向老子问礼就是最典型的历史注脚,因为在春秋时代,最大最重要的学问就是礼。然而却是儒家而不是道家,成为中国文化的主流和正宗。这一历史现象的生成当然有复杂原因,但重要的精神哲学因素就是伦理与道德的不同智慧。在精神哲学意义上,《论语》是"伦"语,是人伦智慧;《道德经》是得"道"经,是道德形而上学。《论语》与《道德经》成为日后中国人精神构造中的阴阳两个结构,隐喻中国文明、中国人精神结构中的伦理与道德一体;而《论语》及儒家的主流地位,"相濡以沫"与"相忘江湖"的二难选择中相忘江湖的文化命运,又隐喻伦理之于道德的优先地位。但是,中国精神哲学传统、中国文明的真谛、中国文化传统的精神哲学密码,不是二者取其一,而是"一体优先"。文明史、精神史的现象学复原显示,在道家居主流地位的汉代,儒家获得其独尊地位;魏晋时代"将无同"的玄学的精神哲学魅力正是儒家与道家、人伦规律与道德形而上学的合一;宋明理学之所以完成中国伦理精神的辩证综合,就是以"天理"的形上本体终结了"儒道佛"三教割据的文化局面和精神哲学分裂,完成了伦理与道德辩证统一的精神哲学建构和历史哲学建构。

简洁梳理精神史、精神哲学史、文明史可知,伦理与道德的关系是精神世界和人类文明的基本问题,伦理道德一体、伦理优先不仅是中国精神哲学传统的特色,也是它对人类文明作出的最大贡献。中西文明的历史图像是:伦理与道德,在西方是不断交替出场、在场的哲学明星,而在中国则是造就中国人精神生命、造就中国民族精神和中华文明的一对染色体。但是,在现代文明体系中,邂逅全球化,中西文明再次遭遇同一个精神哲学难题和文明难题,伦理与道德的关系以哲学形态和历史形态的问题式成为重大而严峻的时代课题。

二、"最后觉悟"

现代伦理学、现代文明必须严肃回答庄子提出的那个问题:不仅是人的精神生活的价值取向,而且作为建构人的精神世界和精神哲学形态的两大结构性元素的伦理与道德,到底相濡以沫,还是相忘江湖?现代文明对这一问题的回答已经重大且亟迫到这个程度,乃至是"最后觉悟"?

人类文明史、人类精神史、精神哲学发展史,相当程度上相当于伦理觉悟史,也是伦理觉悟的不断推进史,只是中西方的哲学范式和哲学形态不同。中国文明在《尚书》时代就诞生一个重要觉悟:"人是万物之灵。"万物之灵的理念一方面将人当作万物的一部分,显示"天人合一"的文明基因;另一方面"灵"更突显人对万物的超越性或人在世界中的地位使命,隐含日后孟子所说的"人之有道"的文化认同和"近于禽兽"的文明忧患。它宣示了人类对世界的那种合一而超越的伦理理念和伦理态度。古希腊时代关于人与世界关系的伦理理念最经典的表述就是两句话:一是毕达哥拉斯学派的"人是万物的尺度",二是亚里士多德的"人是理性的动物"。"万物尺度"与"万物之灵"奠基两种迥然不同的伦理基因,"万物尺度"

---

① 杨伯峻译注:《孟子译注》,北京:中华书局,2008年,第94页。

宣示人为万物立法，是世界的主宰，进而形成对自然的认识改造和征服的紧张关系，这是梁漱溟所说的西方科学型文化的哲学根基。"万物之灵"与"万物尺度"的共通之处是人在世界中的自强不息，是人对世界和自身的道德责任，根本区别是人与世界的伦理关系，"万物之灵"所发育的是《周易》中"天行健，君子以自强不息；地势坤，君子以厚德载物"的民族精神。任何民族都具有自强不息的精神本性，这是生生不息的文化基础，区别在于实现自强不息中所形成的与世界的关系及其对世界的态度。"厚德载物"中"厚德"是道德，"载物"是伦理。"厚德"即修己，即"躬自厚而薄责于人"；"载物"是"万物之灵"的伦理，其要义是以崇高深厚的德性托载和承载万物，最后达到人与天地万物一体。与之相对应，"万物尺度"所演绎的伦理态度则是"宰物"，是主导主宰万物。"万物之灵"与"万物尺度"宣示、演绎"载物"与"宰物"两种伦理世界观。由此演绎两种不同的道德世界观，"万物之灵"演绎"仁也者，人也，合而言之，道也"的道德世界观，或"人之异于禽兽者，几希，庶民去之，君子存之"的自我认同；"万物尺度"演绎"人是理性动物"的道德世界观和自我认同。由此两大根源出发，形成中西方风情万种而又理一分殊的两大文明风景和两种精神史。

对"理智的德性"的追崇和伦理优先两大传统，在近代都遭遇重大文明难题。在西方展现为文明史的两种叙事。一是由苏格拉底"知识就是美德"演绎为培根的"知识就是力量"，这一命题的直接伦理后果就是以培根、卢梭为代表的近代知识巨人的人格悲剧。脱离伦理的家园和道德的指引，培根在为人类创造巨大知识财富的同时，也用知识造就了滥杀无辜、受贿枉法的巨大的恶，最后这位大法官把自己关进伦敦塔的大牢。卢梭为世人留下不朽教育学名著《爱弥尔》，然而这位著名教育学家到处留情种，却从来不认自己的私生子，以自己的人格戏弄和嘲讽了自己的教育理念。因为他们对世界的知识贡献太大，善良宽容的世界公民在文化延传中宁愿选择淡忘和宽恕他们的恶，而成就他们作为知识大师的丰碑，但无论如何，这种悲剧不应该重演。二是康德的"望星空"。人们都对康德在《实践理性批判》最后那段名言津津乐道，对头顶上的星空和人内心的道德律满怀敬畏。"有两种伟大的事物，我们越是经常、越是执著地思考它们，我们心中就越是充满永远新鲜、有增无已的赞叹和敬畏——我们头顶上的灿烂星空，我们心中的道德法则。"① 几百年来世人乐此不疲地跟着康德望星空。其实康德离开伦理的道德是真空中飞翔的鸽子，最近剩下的只能是满怀敬畏地望星空。康德哲学"完全没有伦理的概念"，必须望星空，也只能望星空。

中国的近代文明史则是另外一种精神哲学图景。孔子"克己复礼为仁"的伦理道德一体、伦理优先的精神哲学范式，被孟子具体化为"五伦四德"的伦理道德体系，在两汉大一统的进程中被异化为"三纲五常"。"五伦四德"与"三纲五常"虽然是古儒与官儒的两种体系，但二者之间存在一脉相承的文化血统。"五常"只是在仁义礼智的"四德"之后加了一"信"，用宋儒的话说，"因有不信，所以有信"，"信"是关于"四德"的信念和坚守；而"三纲"只是从君臣、父子、兄弟、夫妇、朋友五种对整个社会具有建构性意义的关系中，提取出君臣、父子、夫妇三种"人伦—天伦—天人"之间的核心构造，但"人伦本于天伦"的文化规律没有变，"以伦理组织社会"的伦理型文化形态没有变，其最大的创新是将相对的"伦"推进为绝对的"纲"，以解决君惠臣忠、父慈子孝的相对伦理中因相互期待而可能出现的伦理中断。"三纲五常"完成了思想文化和核心价值上的大一统，其精神哲学要义同样是"三纲"的伦理与"五常"的道德一体，伦理处于优先文化地位。但独尊儒术和由此而产生的经学，不仅使儒学成为官学，而且也使古典儒学严重异化，最深刻的问题就是内圣与外王的分裂，儒学在注经中沦为谋求功名利禄的工具和就事论事的应时之策，丧失了对人的精神世界进行宏大高远的理论建构的文化天命和文化能力。遭遇日后三国魏晋的长期动乱，儒学日益失去精神世界的地盘，最后演化为盛唐之世"儒道佛"三教文化割据的局面，儒学对人的精神世界的乏力，乃至必须派唐僧和尚去印度请来外来的佛教，登上中国意识形态和中国人精神世界的宝

---

① 康德：《实践理性批判》，龙斌、秦洪良、刘克苏译，郑保华主编：《康德文集》，北京：改革出版社，1997年，第313页。

座。值此之际,韩愈"道统说"呼吁重建和复归儒学,然而经历了道家、佛家的洗礼之后,中国文化最后的选择是儒道佛的圆融。宋明理学以"天理"为核心,将形上世界的"天"与精神世界的"理"合一,建立"存天理,灭人欲"的"立人极"的精神哲学体系。然而,这种体系的世俗化尤其是被政治操弄利用,最后沦为近代启蒙思想家戴震和现代启蒙思想的先驱鲁迅所激烈批判的"以礼杀人"。"以礼杀人"本质上是以伦理杀人,因为礼教即名教,以名为教,对"以礼杀人"的批判标志着传统伦理的终结和近现代伦理的开端。

同一部现代史,不同的精神旅程。20世纪是伦理大发现的世纪,20世纪最重要的觉悟是伦理觉悟。20世纪初,陈独秀在《新青年》发表《吾人最后之觉悟》一文,宣告:伦理之觉悟为吾人最后觉悟之觉悟。他做了排他性论证,认为在走向现代的进程中,中国人的最后觉悟不是道德觉悟,也不是政治觉悟,而是伦理觉悟。20世纪50年代,英国哲学家罗素宣告:"在人类的历史上,我们第一次达到了这样一个时刻:人类种族的绵亘已经开始取决于人类能够学到的为伦理思考所支配的程度。"① "最后觉悟""种族绵亘"都将伦理觉悟推至具有终极意义的觉悟。当然,两种终极觉悟具有不同的问题指向,陈独秀的"最后觉悟"是唤醒民众走出"以礼杀人"的伦理樊篱,罗素的"种族绵亘"指向一次大战、二次大战中那种"有组织的激情"所造成的文明灾难。两种觉悟也伴随不同文化追问和新的文明难题。在陈独秀呼吁"最后觉悟"和五四运动呐喊"打倒孔家店"的同时,梁漱溟先生发出"这个世界还会好吗"的深切喝问,隐喻"最后觉悟",期待新的伦理建构。在罗素将"学会伦理地思考"提升到人类种族绵亘高度之前的二十年,美国宗教伦理学家尼布尔就以一本书名诊断西方文明的病灶——《道德的人与不道德的社会》,"不道德的社会"就是无伦理的社会。无论问题如何不同,伦理觉悟已经成为20世纪以来中西方文明最重要的共同觉悟,这个觉悟都指向同一个问题,这就是法国学者以一本书名所提出的问题——《我们能否共同生存?》,或者梁漱溟更具忧患意识的《这个世界还会好吗?》。这些觉悟、这些问题意识,都指向同一个文明难题和文明课题,它用罗素的话语表达就是"为伦理思考所支配"。不仅是伦理觉悟,而且要将伦理觉悟提升为对现代文明具有终极意义的觉悟;不仅要"学会伦理地思考",而且人类种族的命运在相当程度上取决于"多大程度上"为"伦理地思考"所支配。

三、"学会在一起"

21世纪的文明正剧虽然刚刚上演,但已经将人类的前途和命运推至这样的时刻和关头,以至我们别无选择,必须"学会伦理地思考",学会伦理思考的要义就是"学会在一起"。短短二十年,世界遭遇的种种难题让任何严肃的学者和思想家不得不提出一个诘问:我们是否在一起? 我们能否在一起? 虽然回答不同,但一个共识可能容易达成:我们,必须"学会在一起"。因为世界正陷于"我们能否共同生存"或"这个世界还会好吗"②的深刻危机和深深忧患之中。

伦理学别无选择,人文科学别无选择,我们必须有这样的文明担当和学术使命:集中学界智慧,激发学术热忱,进行"'伦理'研究"。

至少,三大因素可能甚至已经将人类推到文明的临界点甚至悬崖边,这就是基因技术和人工智能、电子信息方式、新冠疫情。科学技术的无节制发展,基因技术、人工智能,已经不是在创造"新人类",而是可能潜在一种深刻的文明风险,使整个人类物种成为原始人。基因技术可能根本上颠覆人类的生物性,使人类从"诞生"成为"被创造",于是建立在"诞生"的"自然"基础上的现有一切文明都将被彻底颠覆。一个基本事实是,人类之所以需要在一起,能够在一起,就是因为人是被诞生的,是一个男人和女人的共同创造物,并且在另一个生命体中由单细胞发育为灵长类,于是人类的本性和家园就是"在一起"。由此人类才有"爱"的本性和渴望,因为爱的本质就是不独立、不孤立,诞生赋予个体爱的本能,即孟子所

---

① 罗素:《伦理学和政治学中的人类社会》,肖巍译,北京:中国社会科学出版社,1992年,第159页。
② 注:梁漱溟"这个世界还会好吗?"发问的英文翻译是"人类还会有前途吗?",也许这样的问题式更具文明危机意识。

说的"不虑而知、不学而能"的良知良能，爱让一个生命和另一个生命在一起，让人与人在一起，让人与世界在一起。无论是中国入世文化中的父母与子女之间的慈爱与孝敬，还是宗教文化中个体向终极实体即上帝或佛主的皈依，本质上都是向生命根源的回归。并且，生命诞生完全建立在不可选择的基础上，包括种族、性别、贫富、城乡、智愚等等，因而才需要建立现有的个体生命秩序和社会生活秩序，一旦生命"诞生"的化育方式根本改变，现有人类世界的一切必定需要另起炉灶。更大的危险是，那个掌握最先进的造人技术的科学家，就成为世俗的主宰甚至暴君。到那时，上帝已经不是存在于人们的信仰中，而是科学技术本身，不只是科技的暴力而且是科技独裁的时代就到来了。

  信息技术的发展已经根本上改变了人们的交往方式和生活方式。美国哲学家波斯特曾说，对人类文明起决定作用的因素，不只有马克思所说的生产方式，还有信息方式。在人类文明史上已经经历了三种信息方式，即口口交流的第一种信息方式，以印刷术为媒介的第二种信息方式，以电子为媒介的第三种信息方式。三种信息方式的递进，大大扩展了人们的交往范围，但也产生新的文明风险，最大风险就是伦理的稀释。第一种方式下交往双方必须同时在场，交往被限制在同一时空中，于是信息成为最稀缺的资源，所谓"家书抵万金"，但也创造和积淀了许多深沉的智慧，最明显的就是各种节日。中秋节是不在同一空间的亲人朋友的精神相聚，月亮成为人类跨越空间阻隔的一颗文化上的人造卫星；中元节是不在同一时空的亲人的一次相聚，具有穿越时光隧道的意义；而春节则是伦理上和文化上最盛大的节日，是家庭血缘纽带最重要的一次检阅和巩固。正是信息交往的局限，创造了充塞宇宙和生命的意义空间。印刷术的诞生使不在同一时空中的人们可以在一起，但也导致理解的风险。一部《论语》不仅创造了不同时代而且创造了每个人心目中的孔子，为此人类创造了解释学，试图化解或降低这一文化和文明风险。电子信息方式让文明风险提升到空前的程度，一个显然的事实，在口口交流中，交流的双方同时在场，于是"脸红"成为人类的专利，也成为伦理的显示器；在印刷媒介的交流中，解读者在场，另一主体则以文本为代理对象化地在场，交流事实上只是解读者创造的意义世界。所以伽德默尔才说，我们永远不能理解文本的真正含义，只能理解文本的意义，然而现实状况却是解读者创造的意义被当作含义，于是就在创造意义的同时也可能创造很多的冤假错案，至少产生伽德默尔所说的先见或偏见。但是，电子信息方式不仅只以交流双方创造的信息在场，而且这种信息经过了数据转换，其本质是以技术代理人的方式在场，于是真实的世界被"真事隐（甄士隐）"了，意义世界消退，剩下的只是技术世界。电子信息方式给人类交流提供了空前可能，在人类文明中留下的最大难题也是最大的危机是：它创造了世界上最小的距离，也创造了世界上最遥远的距离。电子信息方式下的伦理镜像是：我们在一起，你却在玩手机。在交往技术化的同时，人类的情感、意义、价值也技术化，技术从来没有像今天这样征服和主宰人类，而人类却麻木不仁地像对初恋情人般地拥抱它。可以说，在电子媒介面前，人类已经不是奴隶，而是奴才。正如列宁所说，奴才和奴隶的区别，是不仅处于被奴役的地位，而且对它津津乐道。可以说，要么人类找到"从心在一起"的新方式，要么人类在电子信息方式的场域中沉寂、死亡或者涅槃，这取决于伦理觉悟及其所达到的程度。

  电子信息方式以电子世界的宙斯——乔布斯之死隐喻了潜在于现代文明深处的危机，然而乐此不疲地沉迷于其中的人类只把它当作一个自然事件或个体病理，完全没有把它当作一种文明的病灶或因科技僭越而导致的文明癌变。于是一个小小的病毒悄悄来到世界，它迅速而且无情地让人类的脆弱本质像被X射线照射了一样赤裸裸地展现于宇宙，让整个自以为是或欲作"万物尺度"的人类在所有动物和植物面前颜面扫地。新冠病毒以粒子的方式穿梭于人类世界，戏弄着狂妄的人类，嘲弄着自以为是的文明。也许人类会创造出疫苗以使新冠成为文明的舞伴，然而当达到这种和谐之时，不知不觉之中人类已经因为这个小小的病毒而改变了自己的身体并事实上已经向它臣服，而且在此之前，人类世界已经被它征服了两年之久。对任何一场战争来说，这都是一场空前的胜利和空前的失败，人类世界的战争从来都是一个民族征服另一个民族，一部分人征服另一部分人，从来没有人能征服整个世界。然而新冠病毒对人类上演的却是征服者被征服的悲剧。正如一位西方民间哲人借新冠之口向世界宣示的启迪那样，"我不是来征服世界，而是来唤醒人类"。但是，面对这个弱小但却无比强大的敌人，人类的伦理脆弱性似乎比生命的脆弱性更致命。在这个史无前例的文明危机面前，"文明的冲突"依然成为世界的教条并最终成为人类文明的催命符。此情此景，无语得让人想起董仲舒的"天人感应"中的灾异说。"灾者，天之谴也；异者，天之威也。谴之而不知，乃畏之以威……殆此谓也。"① 牵强附会，乔布斯之死是电子信息方式之"灾"，新冠疫情是文明灾难之"异"。如果面对这种空前的灾异，人类依然不觉悟，那就真的"殃咎乃至"了。新冠疫情告诫世界，启蒙人类，必须"认识你自己"；认识人类自己及其文明的脆弱性，必须学会敬畏。它以一种极端的方式又一次向世界启蒙："伦理之觉悟，为吾人最后觉悟之觉悟"；"人类种族的绵亘已经开始取决于人类能够学到的为伦理思考所支配的程度"。

以上三大问题，从不同维度演绎"我们能否在一起"或"我们能否共同生存"的文明危机。基因技术和人工智能潜在地使人类将难以继续甚至不能与自己"在一起"。一旦脱离伦理指引或突破伦理的底线，两大高新技术所创造的"新人"，将使迄今为止人类漫长的文明成为原始文明，人类将被自己所"创造"的技术人主宰并最终将使它的主人沦为原始人。电子信息方式虽然只有短暂的历史，在技术进步和文明演进中还是一个孩童，但它已经像哪吒闹海一样让人类的交往方式面目全非。它向人类宣告"世界是平的"，在推倒山河文明时代的一切屏障的同时，筑起人类心灵在一起的森严壁垒。它导致的文明危机是人与人难以真正在身体、心灵和精神上全息地"在一起"。新冠疫情传递的伦理信息是人类难以与世界"在一起"。准确地说，它以极其严峻冷酷的方式在昭告人类的脆弱性的同时，宣示自然和世界已经厌倦了人类的狂妄。于是就发生像歌德所提醒的那样：人类正变得越来越强大，但并不是变得更好和更坚强有力，上帝正试图打碎它的创造物，让一切重来一遍。人类难以与自己在一起，人类共同体中人与他人难以在一起，世界难以与人类在一起，所有的危机都是"在一起"的危机。人类，必须重新学会"在一起"，学会与自己在一起，学会与他人在一起，学会与世界在一起。面对严峻的文明危机，"学会在一起"已经成为与人类命运休戚相关的严峻而紧迫的课题。"学会在一起"必须像罗素所说的那样"学会伦理地思考"。于是，伦理觉悟已经不是像百年前陈独秀所说的那样是"吾人"之最后觉悟，而是"人类"之"最后觉悟"。我们，别无选择，必须在理论和实践上开启具有最后觉悟意义的"伦理之觉悟"。

伦理与道德，本是人类文明尤其是人类精神世界中的一对染色体，或者说一对龙凤胎，从人类诞生甚至它们还没有成为概念时，就基因般地参与了人类生命和生活的缔造，在数千年的文明进程中如影随形，但彼此却经历了太多的悲欢离合。今世学者往往认为它们彼此可以相互替代，似乎只是同义反复。然而在漫长的文明进化中，人类绝不会让两个意义完全相同的概念长期共存，就像早期的人类也许像《封神榜》中所描述的那样可能有三只眼，一旦进化，就只需要两只眼。而今天的人类，之所以仍需要两只眼、两只耳，而不是像庄子"混沌之死"中描述的那样无眼无耳，也许不是异化或进化不彻底的表现。人类创造了这一对概念并在长期的历史演进中总是共生互动，就是因为彼此不可替代。然而它们之间的关系在文明史尤其在精神史和学术史上的命运却迥然不同。在文明童年中"两小无猜"，但在后来的文明演进中或者被"棒打鸳鸯"，或者这对牛郎织女只能在某个特殊的时日在鹊桥相会。虽然中国传统文化创造了伦理道德一体、伦理优先的精神哲学形态，但在近现代却与西方有着共同的文化命运。伦理与道德在精神世界的长河中"君在长江头，我在长江尾，日日思君不见君，共饮长江水"。根据我们持续推进的全国调查，"无伦理""没精神"已经成为伦理道德发展的两大"中国问题"。然而，科技的狂飙突进，新冠疫情的肆虐，呼吁必须收拾伦理与道德天各一方的文明碎片，建立有机完整的精神世界与文明生态。完成这一学术使命和文明使命，当然呼唤真正的伦理学即以伦理而不只是道德为研究对象和学术重心的伦理学，期待真正的"'伦理'研究"，但将伦理与道德相整合，尤其以此为核心缔造人的精神世

---

① 凌曙注：《春秋繁露·必仁且知》，北京：中华书局，1975年，第318页。

界,便更期待精神哲学的建构,期待在各自文化传统中寻找精神哲学的源头活水,这便是伦理道德发展的精神哲学体系和精神哲学形态。

我们的时代、我们的文明热切呼唤并亟迫期待"'伦理'研究","'伦理'研究"只能在精神哲学体系和精神哲学形态中才具有真正的合理性和现实性。也许,这就是《伦理研究》的学术使命及其分娩成长的茁壮生命力。"'伦理'研究"不只是伦理学研究的一种新思路或新流派,而且是对待文明的一种新态度,其要义是:以伦理看待世界;以伦理世界观造就作为人类终极理想的合理的伦理世界;它呼吁并推进一种文明觉悟和文化努力——"学会在一起"。

Thinking about Ethics

Thomas Pogge*

In commencing a new *Journal of Ethical Research*, it makes sense to reflect on the concept of ethics and how it differs from the related concepts of morality, justice, right and wrong. In the Anglophone discourse, no convergence has yet emerged on the precise meaning of the word "ethics" as designating a set of concerns or field of study. There seem to be four distinct notions of ethics extant in this discourse, and we can touch on them along the way as we introduce the larger subject as it has come to be conceived in Western thought.

1. The Realm of the Moral

We can begin in ordinary life where we find that human beings — both individually and often also in the course of their social practices — make *assessments*, using *evaluative* language such as the broad terms "good" and "bad". It is convenient and important to have a general word for whatever they are assessing or evaluating. Unfortunately, no such general word has emerged in the English language, resulting in much imprecision and confusion. For the purposes of this essay, let us recruit a Latin term: *judicandum* (plural *judicanda*). A *judicandum* is that which is to be evaluated or assessed. For example, physical objects, states of affairs, processes, actions, persons or states of mind.

Within the set of assessments, we can single out a special class of *normative* assessments — those that can also be expressed with an "ought". An assessment like "it is good (bad) that J [a *judicandum*] has T [a certain trait]" is a normative assessment, just in case it can also be expressed as "J ought (not) to have T". For example, the assessments "it is good that John is honest" and "it is bad that John is dishonest" are normative assessments if we understand them as implying that John ought to be honest. Other assessments are not normative ones. For example, "it is good that gold is heavy" is not a normative assessment if it implies no oughts.

Any normative assessment implies an *attribution of normative responsibility*. Such an attribution presupposes causal efficacy and a free cause. All kinds of *judicanda* can fulfill the first condition and can be causally relevant. But only *persons* can be free causes, or more cautiously, only persons are generally recognized as free causes. Attributions of normative responsibility must be capable of being regressively extended to persons. When we say that unemployment ought to be lower, for example, we imply that there are persons bearing ultimate responsibility for high unemployment. Even if its immediate cause is something else, like the high short-term interest rate, perhaps it can be traced back to persons who bear ultimate responsibility in that they could and ought to have decided

---

* Thomas Pogge, Leitner Professor of Philosophy and International Affairs, Director of the Global Justice Program at Yale University.

differently. By contrast, we don't say that Jupiter ought to be smaller because there are no persons bearing responsibility for the fact that it isn't. All oughts are ultimately derived from oughts addressed to persons.

Following Immanuel Kant, we can call such oughts *imperatives* and can sort them into *hypothetical* and *categorical* ones. Hypothetical imperatives derive their normative force ultimately from prior decisions or commitments that are discretionary. Categorical imperatives have normative force regardless of what a person's prior decisions or commitments may be. Categorical imperatives are *moral* imperatives, and the normative assessments corresponding to them are moral assessments.

While the distinction is clear enough, it may not help us sort particular imperatives. For example, the prescription "you ought not to swim in shark-infested waters" can be understood as a hypothetical imperative that is withdrawn upon learning that the addressee wishes to end her life, or as a categorical imperative that is maintained regardless of the addressee's commitments.

It is a near-universal fact that human beings and human communities work with moral imperatives. They take themselves to be bound by certain moral norms and hold one another to such norms. What these norms are varies to some extent from culture to culture and from epoch to epoch. What does not vary is that human beings take themselves to be living under categorical imperatives.

As a distanced observer, one might here speak of the various categorical imperatives that different persons and cultures are committed to. But from an insider's perspective, such talk is corrosive. Once we think that it is our own commitment that ultimately binds us to certain categorical imperatives, we no longer see these imperatives as categorical. The very idea of categorical imperatives implies that these imperatives are independent of us. The belief that there are categorical imperatives forces us to distinguish these categorical imperatives from what we take them to be. Anyone who holds that there are moral imperatives must hold that they might be mistaken about the content, that the imperatives might be different from what they take them to be.

This key insight gives rise to two fundamentally philosophical inquiries. One responds to the question pioneered by Kant: how are moral imperatives even possible? In virtue of what could an imperative be binding on a person regardless of any prior decisions or commitments by this person? The other responds to the challenge of correcting and improving our understanding of the moral imperatives that apply to us; it is continuous with ordinary moral reasoning but becomes more philosophical as it reflects methodologically upon such reasoning, sometimes in ways that draw upon insights from the former inquiry as well.

The word "ethics" has been used as a name for the former inquiry while "(substantive) moral philosophy" as a name for the latter. But nowadays it is more common to refer to the former field of study as "metaethics". Here realists, following Plato, seek to establish that moral norms have a mind-independent reality. Kant criticized such moral realism for being unable to account for the *authority* of norms: why should an independently existing command be binding on us? He proposed to explain the objectivity and bindingness of moral imperatives by recourse to our faculty of practical reason, which organizes our decision making under certain practical principles in the same way that our theoretical faculties organize our experience under certain theoretical principles (such as causality). Later thinkers, including Jürgen Habermas, have sought to explain moral imperatives as implicit in our communicative practices. And many other thinkers have rejected categorical norms as illusory, claiming that, at bottom, moral imperatives are nothing more than expressions of a speaker's or community's commitments or attitudes.

2. Two Branches of Substantive Moral Philosophy

Although all moral imperatives are ultimately addressed to human persons, it makes sense to think about other classes of *judicanda* separately as they have their own autonomous domains of moral assessment. The paradigm example of such an autonomous domain is the law. Law is created, interpreted, adjudicated, enforced and revised by persons; and any norms applied to law must ultimately be "cashed out" as norms addressed to persons. Nonetheless, it makes sense to conduct the moral assessment of law as a separate and autonomous branch of morality, just as it makes sense to treat chemistry and biology as separate and autonomous sciences distinct from physics. In Western theorizing, this branch of morality has been marked off under the label of "(social) justice" and distinguished from its residual which discusses the moral assessment of persons and their conduct under the label of "ethics".

Moral assessments in both domains are centrally concerned with the treatment of persons. But whereas ethical assessments judge how persons treat others in particular situations, justice assessments judge how the law treats specific *kinds* of persons over longer periods of time. Law is meant to organize and regulate interactions by establishing reliable expectations. To fulfill this function, it must be enduring and public. And it must address persons generically rather than as named individuals. The moral assessment of law is therefore similarly generic, examining how certain categories of persons are treated by the law, and more broadly, fare under a given body of law. The latter formulation acknowledges that the effects of law depend on other standing features of the society in which it is regulating — culture and customs, natural environment, level of technological and economic development. Given such background factors, a body of law that is nondiscriminatory may affect different groups quite differently; and any theory of social justice must come to terms with this fact.

This thought suggests that the domain of social justice be conceived more broadly as focusing not merely on the law but also on other human-made or human-influenced standing features of a society. These would include its entire legal system and more broadly, its institutional order, which is what under the name of "basic structure", John Rawls's theory of social justice is focused upon. This institutional order consists of the society's political system, the structure of its economy and the way it reproduces itself. For example, in family units or other kinds of households. But it makes sense to expand the domain even farther to include three other sets of standing features as well: a society's social and cultural practices, customs and habits; its infrastructure, including transportation, energy, water and communications; and its physical environment insofar as it is continually modified by the way the population interacts with it (settlements, agriculture, mining, pollution, rivers and canals, parks, forests, coastlines, etc). All these standing features might plausibly be assessed on the scales of social justice insofar. as they, on the one hand, are subject to substantial modification by the society's members, and on the other hand, exert a profound influence upon how various groups fare. To appreciate this, we can think of sexist practices that, for most of human history, have held women back by imposing upon them the lion's share of child rearing and other household duties. We can think of inequities in infrastructure, as when certain parts of a society lack access to the train network, electricity, clean piped water, postal, telephone or internet services. And we can think of environmental injustices, as when certain disfavored communities bear the brunt of industrial pollution or other forms of environmental degradation.

3. The Ethics Branch

Ethics is primarily concerned with the moral assessment of *judicanda* of two types: persons and their conduct. Accordingly, a conception of ethics will include a standard for assessing the moral excellence of persons and a standard for assessing the rightness or wrongness of conduct. These two standards must fit together; an ethics cannot plausibly hold that a certain kind of conduct is wrong and also that persons disposed toward such conduct are morally excellent. Such requirements of fit suggest two straightforward approaches to ethics which in the history of Western ethical thought have long been dominant.

One approach toward building a harmonious ethics begins with an account of excellence of character, typically specified as a scheme of virtues that an excellent person must possess. It then proceeds to assess as morally right the kind of conduct that a virtuous person would engage in, and as wrong the kind of conduct such a person would shun. Exemplified in much of Greek ethical thought, such an approach might be called "teleological" from the Greek word "$\tau \acute{\epsilon} \lambda o s$", meaning end or purpose. A morally excellent person is one who fulfills the end or purpose of a human life.

An obvious alternative approach toward a harmonious ethics begins with a conception of right and wrong conduct, typically specified as a system of duties. From there it proceeds to assess as morally excellent any persons stably disposed to comply with their duties. Exemplified by the biblical *dekalog* (Ten Commandments), such an approach might be called "deontological" from the Greek word "$\delta \acute{\epsilon} o \nu$", meaning literally "that which is musted".

Within each of these approaches, there has been much diversity over the last millennia. Emphasized virtues have shifted, variously highlighting courage, generosity, justice, wisdom, humility, chastity and others. Emphasized duties have also shifted, becoming more abstract and systematic. Here Immanuel Kant's deontological ethics is remarkable in two respects. It reduces all of ethics to a single standard of duty, the moral law or Categorical Imperative: one is permitted to act on a set of maxims only if one is able to adopt them together with the universal permission to adopt them, treating every person (including oneself) as an end in itself and never merely as a means. Moreover, Kant stressed that what matters ethically is not compliant with this duty, but rather the agent's "good will" or proper motivation: the agent must be acting *from duty* and must be firmly and powerfully committed to acting from duty not merely on some particular occasion, but generally and even when doing so is opposed by strong countervailing prudential motives. Although Kant assigned specification priority to a conception of right conduct (which makes him a deontologist), he also assigned meaning priority to a conception of excellence of character. What gives meaning to the universe, insofar as we can conceive, is the fact that it contains free agents who can, and sometimes do, choose to follow the moral law.

Teleological and deontological approaches secure the overall coherence of ethics in advance by specifying one standard of moral assessment in terms of the other. The teleological approach specifies a standard of right conduct with reference to a prior conception of excellence of character; the deontological approach specifies a standard of excellence of character with reference to a prior conception of right and wrong conduct. These two approaches do not exhaust the possibilities. There can be a third approach that would specify both a standard of excellence of character and a standard of right and wrong conduct in terms of some other standard for assessing yet a third type of *judicanda*. The obvious candidate for this third type are states of the world. The third approach starts out then with a standard for assessing how well the world is going and then uses it to specify its standard for assessing the moral excellence of persons and also its standard for assessing the rightness or wrongness of conduct. Elizabeth Anscombe has named this approach "consequentialist" in 1958, but examples of it have been around well before that time, particularly in the form of *utilitarianism* as first clearly expounded in Jeremy Bentham's 1789 *An Introduction to the Principles of Morals & Legislation*.

4. How Ought One to Live?

Ultimately, all normative assessment of the various types of *judicanda* — *character*, conduct, states of the world, institutional arrangements, social practices, infrastructure, and our humanly-shaped physical environment — intersect in individual persons. In our decisions about how to live, we are to be responsive to these various oughts and must navigate possible conflicts among them as well as competing claims they might make on our limited resources in attention, time and energy. I ought to develop myself into a good, virtuous person, I ought to comply with my duties, I ought to support and promote the just structuring of human societies and contribute generally to the betterment of the world. The three ethical approaches sketched in the preceding section will differ in how they handle this task of unification.

A teleological approach instructs the agent to develop and to practice certain virtues. These two tasks are related in that practice is typically required for possession of and certainly for excellence in specific virtues. Courage can flourish only where there is danger, generosity only where there are others in need. A teleological approach may then specify the virtues in such a way that the other oughts are appropriately accounted for. The virtue of honesty makes one refrain from cheating others, the virtue of justice or that of civic friendship makes one help maintain good governance, and the virtue of generosity makes one promote the happiness of others.

A deontological approach instructs the agent to comply with their duties. This task involves the fundamental duties of ascertaining what one's duties are and of shaping oneself into a person who is willing and able to lead a dutiful life in the long run. A deontological approach may then specify additional duties in such a way that the other oughts are appropriately accounted for, including duties to help others in need, duties to comply with the just structuring of one's society and duties to help reform such social structures insofar as they fall short of justice.

A consequentialist approach instructs the agent to focus on making the world as good as possible. This focus gives it an apparent advantage over its two competitors on the assumption that ethics should ideally not merely maintain harmony in the instructions it gives to each agent, but also harmony among agents. Teleological and deontological approaches focus the agent's attention on *their own* character or conduct. Even when such conceptions of ethics are universalistic, and assign each agent the same tasks, the task assignment contains an indexical ("your own") and therefore actually assigns diverse tasks to different persons: A is to develop A's virtues or to look after the needs of A's children, whereas B is to develop B's virtues or to look after the needs of B's children. This may lead to conflict and competition among even perfectly moral agents. For example, each of several agents may need some particular resource in order to improve their moral character or to fulfill their moral duties. We might say that teleological and deontological conceptions of ethics work with *agent-relative* task assignments.

Consequentialist conceptions, by contrast, are *agent-neutral* by assigning literally the same tasks to all agents: we all are to work toward making the world as good as possible. In this way, even harmony *among* perfectly moral agents is assured in advance: once we ascertain that some particular resource would do more to meet the needs of B's children than it could do if used in any other way, then we will all act to ensure that the resource in question goes to B's children.

Unfortunately, the consequentialist approach is not quite so harmonious when we extend it to the structure of human societies. Legal rules and other institutional structures can make the world better by ensuring predictability in the interest of better human coordination. And, clearly, agents ought to collaborate toward designing the structural features of their society in whatever way can be expected to have the best effects. Once these optimal arrangements are in place, it will happen that particular agents occasionally find themselves in situations where secretly breaking these optimal rules, for example by stealing from a rich person in favor of a poor person, is expected to improve the outcome. Such a theft can be optimal even while it would clearly not be optimal to revise the rules to permit thefts of this kind or to exempt such thefts from punishment. Thus, even the consequentialist approach faces the likelihood of interpersonal conflicts, particularly between public officials tasked with maintaining stable rules and private citizens spotting special opportunities for optimizing rule violations. One may wish to sidestep this problem by strictly instructing the agent to comply with optimal law. But why should the consequentialist agent heed this instruction, knowing that the law's authority derives entirely from its benefits for the world-benefits that his rule violation can further enlarge?

Western philosophers continue to work with the goal of developing a full answer to the question of how to live within one of these three approaches. It seems likely to me that none of the three can bring forth a plausible and complete conception of ethics and that if such a plausible and complete conception of ethics in the Western mold will ever evolve, it will draw on all three traditions. This belief is reinforced by the suspicion that even the three approaches together will not be able to fully and convincingly answer the question how to live.

5. Is Western Ethics Universalistic?

As discussed, the three traditional approaches are all universalistic: they aim to provide one unified answer to the question how to live, purportedly valid for all persons. Is Western ethics then committed to universalism?

Let us sharpen this question. It can hardly be denied that there are moral imperatives that bind some persons but not others. Here is a trivial example: having promised you to look after your child tomorrow, I am obligated to do so while other persons have no such obligation. This sort of agent-specific obligation poses no challenge to universalism if it is derived from an underlying universal duty. In the case at hand, my personal obligation derives from a universal duty to keep any promises one has made, conjoined with the triggering event of my actual promise (one might add, the absence of any subsequent event that would release me from my promise).

In the preceding example, the triggering event is caused by the agent: I chose to make the promise and thereby knowingly brought the obligation upon myself. But an agent-specific obligation may also be triggered without or even against the agent's will. Here is an example. You drive your car on an otherwise deserted road and come across a crashed bicyclist who urgently needs medical attention. Through this encounter, you may acquire an agent-specific obligation to drive the cyclist to the hospital even without any undertaking on your part.

As agent-specific obligations may be conditional on triggering events, they may also be conditional on standing features of the agent's environment. An especially interesting example is supplied by an ethical conviction that, albeit deeply ingrained in commonsense, has thus far escaped the attention of professional ethicists. Most people believe that it is less wrong, or not wrong at all, to disobey a moral imperative if one does so in a context where many others are also disobeying it. Yes, one should be honest. But to be honest with notorious cheaters is to make a fool of oneself. Therefore, people think, one may cheat notorious cheaters, lie to liars or steal from thieves. As a moral person, you are not obligated to let immoral people take advantage of you. This asserted exception has been called the *sucker exemption*.

It is important, and yet often unnoticed, that the plausibility of the sucker exemption hinges on two conditions: the non-compliant behaviour (1) harms only other non-compliers and (2) does not lead to the actor becoming better off than they would have been if all relevant actors had complied. Example: someone cheats you out of ¥300 and you reciprocate by cheating the same person out of a similar amount on another occasion. The sucker exemption is wholly implausible if neither condition is fulfilled. Example: a banker steals from her clients on the grounds that other bankers also steal from their clients. This is wrong because her clients have done nothing to deserve being fleeced, and her thefts make her better off than she would be under universal compliance. Things become more complicated and debatable when one of the two conditions is fulfilled.

Whatever its most plausible specification, the sucker exemption can be integrated into a universalistic ethics by formulating its virtues and duties so as to make them suitably sensitive to social context.

Agent-specific obligations may also be conditional on personal features, and particularly on the agent's capacities. Thus, whether you have an obligation to jump into the water in an effort to rescue a drowning child depends on whether you have good chances of success without undue risk to yourself. If the child is in deep water and you cannot swim, then you are under no obligation to jump in[①] — even though you would have this obligation if you were a good swimmer.

Differences in capacity can make a fundamental difference to how persons ought to live, even apart from any triggering events. Mentally disabled persons and children may have no duty to strive

---

① You may still have an obligation to try to help in other ways by throwing a rope or flotation device or by alerting other potential rescuers.

for wisdom or to promote the justice of their society's institutional arrangements when doing so would be either impossible or exceptionally difficult for them. But here one must bear in mind that persons have considerable control over their own capacities and accordingly may have duties to develop certain capacities that would then subject them to certain duties and potential obligations. Thus, perhaps a person living near the beach ought to learn how to swim in order to render themselves capable and obligated to rescue any drowning children they may encounter on their beach walks. Similarly, having reached a certain level of maturity, children may have a duty to educate themselves into someone who can, and therefore ought to, effectively promote the justice of society's institutional arrangements. Mentally disabled persons may lack this duty when they are not able to be responsive to it.

Having briefly canvassed some of the ways in which a universalist ethics can account for interpersonal differences in how persons ought to live, can we affirm that Western ethics is committed to universalism? The answer is clearly yes for consequentialist approaches: persons are to promote the good to the best of their abilities. In the case of teleological and deontological approaches, the answer is that Western ethics *has become* (more) universalistic. Initially, ethical conceptions incorporated deep distinctions among persons, especially on the basis of gender and descent. The virtues a woman should strive for were seen as different from those a man should strive for — or at least different in relative importance, as when chastity was seen as more important in women than in men, for example, and courage was regarded as more important in men than in women. And duties of obedience were ascribed to women vis-à-vis their husbands and to commoners vis-à-vis the nobility.

These distinctions have now been largely abandoned under relentless pressure to provide a compelling justification for any such differentiation against a background presumption of human equality. Those who hold that women have different duties from men such as a duty to obey their husbands bear the burden of proof to provide a sound justification for the asserted inequality. Such sound justification can be provided to defend that most children ought to obey their parents: in the majority of cases, children do much better following their parents' guidance than following their own. Any plausible development of this justification shows that it does not carry over either to women or to commoners. The needed empirical facts simply do not obtain.

6. Three Challenges to Universalism in Ethics

Let me conclude by laying out three potential challenges to a universalistic understanding of ethics.

Close long-term human relationships may give rise to special ethical contents that may not be accounted for in a universalistic way. Imagine a couple that has been together for decades. The husband has been suffering from dementia and has recently developed an aggressive cancer. Treatment decisions must be made, but the patient is clearly in no position to make them. The wife decides against any aggressive life-saving treatment, saying: "I owe it to John to let him die". This moral imperative, unique to her, might be derived from an underlying universal duty — as when he specifically asked her to decide should he ever become incapacitated with no prospect for a meaningful future. Perhaps she even promised him to do all she can to fulfill his request. But it is also possible that this moral imperative lacks any such explanation. The wife may say that it is based on her deep understanding of him which has developed over decades of living together, and that she has no view about how other spouses should go about making similar choices in the absence of a clear prior promise or directive.

Universalists about morality may deny this possibility. They may say that when moral obligations arise between two persons, this must be pursuant to some underlying moral duty that, for example, directs all persons to give special weight to the interests of others with whom they maintain a close personal relationship. But this is just an assertion of the desired conclusion, not an argument. Admittedly, there is some mystery about how a relationship between two people can bring a wholly new moral imperative into existence. But this mystery is really no deeper than the mystery surrounding *universal* categorical imperatives of the form "everyone ought to…".

The second challenge is prefigured in Friedrich Nietzsche and elaborated by Bernard Williams. The basic idea is that moral imperatives may sometimes be set aside for the sake of non-moral concerns of special importance to the agent. Williams tells the story of famous painter Paul Gauguin, who abandoned his wife and children to penury in Paris in order to paint teenage girls in Tahiti. Greatly admiring Gauguin's work, Williams approves of Gauguin's decision but refuses to integrate such approval into a universalistic ethics that would limit the duty to provide for one's family to cases where the agent isn't a hugely gifted and driven artist: "There can come a point at which it is quite unreasonable for a man to give up, in the name of the impartial good ordering of the world of moral agents, something which is a condition of his having any interest in being around in that world at all". Williams speaks here of "a man's ground projects providing the motive force which propels him into the future, and gives him a reason for living"①.

A ground project is not a categorical imperative: the agent is free to give it up at any time, without justification. And Williams' assertion therefore manifests a genuine rejection of universalism: some moral imperatives do not apply to some people. He does hold, however, that ground projects are part of the realm of the ethical, which is therefore larger than the domain of the moral. This indicates our third notion of ethics, comprising non-moral considerations for the sake of which moral imperatives may sometimes be set aside②.

We find a fourth way of identifying the ethical in Hegel and some of the communitarians inspired by him. Hegel thinks that the two universalistic branches of morality we have discussed in Section 2, which he calls *Recht* and *Moralität*, must be complemented by normative contents that are not universalistic but rather addressed specifically to the members of a particular society. He brings such contents under the concept *Sittlichkeit* (commonly translated as "ethical life"). This word derives from the German word "*Sitten*", meaning customs or habits, as well-captured in the German proverb "*andere Länder, andere Sitten*" (different countries, different customs). Each national society has its own evolving *Sittlichkeit* or ethical life, which uniquely organizes and inspires its citizens around a shared but not universal purpose.

Like Williams, Hegel rejects any effort to integrate national *Sittlichkeiten* into a universalist morality, for example, *via* a universal imperative to respect and follow the customs of one's society.

---

① Bernard Williams, *Moral Luck*, Cambridge: Cambridge University Press, 1981, pp. 14 and 13, respectively.
② The first notion was ethics, nowadays metaethics, as an inquiry into the status and knowability of moral propositions as opposed to their content. The second notion was ethics as the residual of social justice: assessing the character of individual and collective human agents and their non-political conduct.

Rather, he sees such a *Sittlichkeit* as an independent source of instruction about how to live, which is co-equal with *Recht and Moralität*, even superior to them in its power to inspire and to motivate. *Sittlichkeit* overcomes the underdetermination of Recht and Moralität and gives purpose and meaning to both: "*Recht and Moralität* cannot exist independently; they must have the ethical as their support and foundation, for *Recht* lacks the moment of subjectivity while *Moralität* in turn possesses this moment alone, and consequently both *Recht and Moralität* lack actuality by themselves. Only the infinite, the Idea, is actual. *Recht* exists only as a branch of a whole or like the ivy which twines itself round a tree firmly rooted on its own account *an und für sich*" [1].

This tree, *Sittlichkeit*, is both a collective way of life, a set of values, customs, habits, practices, institutions, and also an attitude of individuals. Its content is not derivable from any higher principle; it is simply there: both out there embedded in a nation's culture, and within each of us as an essential component of one's identity. Hegel also uses the phrase "second nature". Thus, he is willing to accept that an ethical life is historically contingent, even arbitrary, in its content. But he does think that some *Sittlichkeiten* are more advanced than others, and he does fix some substantive aspects of ethical life in his subsequent discussion.

This concludes my very brief sketch of the four main notions of ethics and the roles they have played in the Western normative thought. I much look forward to partaking in the deeper and more international discussions of ethics to be conducted in on the pages of this *Journal of Ethical Research*.

---

[1] G.W.F.Hegel, *Elements of the Philosophy of Right*, Cambridge: Cambridge University Press, 1991. Cited by section number.

Ethics and Values in a Global World from a Philosophical Point of View

Alexander N. Chumakov[*]

> **Abstract**: The article analyzes the current state of universal human values and ethical norms which from the author's point of view should correspond to the rapidly changing global world. In this regard, a critical assessment is given to various subjective interpretations of the phenomenon of globalization. Its objective and historical origin are noted when the subjective factor plays a significant role but is not decisive. Considerable attention is paid to the fact that in overcoming the global problems humans face, the primary role is played not by economic successes or scientific and technological achievements, but by the worldview of people, by their value orientations, moral and ethical standards and humanitarian education in general. It is they that predetermine the success of the cultural and civilizational dialogue, without which successful interaction in the international arena is impossible. The author also points out the close connection between morality and law, which is characterized as the main regulator of social relations. In the final part of the article, the prospects for social development are discussed, and it is concluded that the future of mankind depends on the correctly selected priorities and attitudes towards the humanitarian sphere where ethical concerns should be valued above all else.
>
> **Keywords**: Globalization; Universal human values; Morality; Ethical norms; Morality; Law; World community; Global peace; Global problems; Intercultural dialogue; Future

We have changed our environment so radically that now, in order to exist in this environment, we must change ourselves.

Norbert Wiener

Ethics and the Modern World

In the modern world, the problems of ethics and universal values are becoming more and more urgent. This is due to the fact that by the beginning of the 21st century the world community has completely become global, and relations, communications, information flows were transborder, which makes the world community essentially an integral system in all the main parameters of public life. In addition, nation-states, of which there are already about 200, have ceased to be the only subjects of international relations. Transnational corporations, international organizations, including criminal ones related to drug trafficking and international terrorism, which have appeared in a

---

[*] Alexander N. Chumakov, Doctor of Philosophy, Professor of Lomonosov Moscow State University (Moscow, Russia).

multitude, now act in the same capacity.

As a result, humanity found itself facing not only the old, but also fundamentally new global problems, for example, COVID-19 or transnational cybercrime, which it is trying to cope with. However, the world community is only regulated to a certain extent. It does not have an adequate management system which it so badly needs. As a result, the global world is increasingly drawn into a situation of increasing contradictions and uncertainty.

From this point of view, it is quite obvious that humanity has reached the point beyond which the spontaneously emerging regulation of public relations alone are not enough. It must now be supplemented by consciously and purposefully built management of this entire system because the world of global relations without effective global governance is doomed to serious trials.

At the same time, it is quite obvious that solving such a complex set of problems requires, at a minimum, mutual understanding, constructive dialogue and joint actions at the international level. And they can be successful only on the basis of generally accepted norms and principles, that is, on the basis of the universal, universal ethics and universal values, which are practically absent at the global level today. This is the main problem of the modern era.

When discussing this topic, it is important to take into account a number of fundamental circumstances. Firstly, it is necessary to keep in mind the historical context of the problem since both ethical and value parameters of public life are quite conservative and their change is predetermined, first of all, by natural-historical trends of social development[1]. Secondly, in the conditions of modern multidimensional globalization, morality and moral norms are closely related to the global worldview and holistic understanding of the world in which we live. In other words, it is necessary to take into account the global interconnectedness and universal interdependence, from which no country, no people, and to a certain extent, no individuals, can evade.

Globalization as an Objective Historical Process

Hence, it is of fundamental importance how globalization, its nature and sources of development are understood. Different authors define globalization in different ways: some as a process, others as a situation, others as a phenomenon; some equate globalization with modernization, others consider it as a myth. There are numerous discussions between opponents and supporters of globalization[2].

In this regard, it is important to emphasize that the first thing to understand the nature of globalization should not be subjective opinions and assessments. Rather, it should be objective trends of historical development. K. Marx, for example, talked about this quite a lot[3]. From this point of view, I define globalization as a multidimensional natural-historical process leading to the emergence of planetary integral structures, connections and relations in various spheres of public life. Globalization is immanent to the entire world community, and it cannot be stopped or canceled. At the same time, it becomes all the more important in public life. Globalization is a time-bound process. It

---

[1] Küng H., *A Global Ethic for Global Politics and Economics*. Piper Verlag Gmbh Munich H, 1997.

[2] Edited by Alexander N. Chumakov, Ivan I. Mazour and William C. Gay. With a Foreword by Mikhail Gorbachev. Editions Rodopi B.V., *Global Studies Encyclopedic Dictionary*. Amsterdam/New York, NY, 2014. 229-242

[3] Marks K. K kritike politicheskoy ekonomii // Marks K., Engel's F. Sochineniya, 2-ye izd. T. 13. [Marx K. On the Critique of Political Economy // K. Marx, F. Engels Works, 2nd ed. T. 13.].-M.: Politizdat, 1959. 7-771

connects the past, present and future.

Today we are going through a new stage of globalization. This is not only becoming more and more obvious, but also requires corrections made through rational human intervention. People should take responsibility for the nature and consequences of globalization, which is directly related to the humanitarian and moral and ethical problems of the world community as a whole. Hence, changes in the humanitarian sphere, rather than economic, political or technical solutions, should come to the fore in overcoming the entire complex of global problems of our time. The world community needs today, more than ever before, the renewal of morality, ethics and values that would fully correspond to the modern global world[①].

Ethical and Philosophical Problems of the Global World

China, in particular, provides a good example of such a serious attitude to the humanitarian sphere in understanding global issues. It initiated the permanent holding of the World Cultural Forum (Taihu, China), which has been held in various regions of China since 2011 with the wide participation of world stars of humanitarian knowledge. At first glance, it concerns a sphere that seems far from solving the purely pragmatic tasks of the modern global world. However, from the perspective and priority of strategic thinking, in spite of tangible results and immediate tactical benefits, holding such a forum is undoubtedly an epoch-making event.

To some extent, this forum is conceived as a humanitarian alternative to the Davos World Economic Forum. Of course, we are not talking about a literal opposition to what is being done in Davos. But, while the Western world persistently and selflessly analyzes economic and financial problems, trying to find solutions to the urgent global problems and on this basis formulate a concept for further socio-economic development, the founders of the Taihu Forum focus on the humanitarian sphere. It is rightly believed here that the main problem is in a person, his behavior, mentality and his qualities which are not consistent with the modern, rapidly globalizing world. Indeed, the global economic and financial crises have clearly highlighted not so much the economic mistakes and technical miscalculations of individual states and relevant world structures as the crisis of culture and spirituality and the moral component at all levels of social development. All this is difficult to understand if you think in terms of momentary benefits, look from a short distance and live one day. However, in the context of historical perspective, if not only to foresee, but also to create the future, this is exactly the case.

To be fair, I must say that in the modern world, China is not the only country where they strive for a comprehensive systematic solution to problems with a serious reliance on humanitarian knowledge. The movement in this direction can be seen, for example, in Azerbaijan where the World Forum "Dialogue of Cultures" has also been held periodically since 2011.

And if we turn to the history of this issue, the discussion of ethical value problems of the global world can be found in the Era of humanism when the Great Geographical Discoveries began, which marked the beginning of global processes of social development. At the same time, a special interest in the ethical side of the global world is manifested somewhat later since the Enlightenment. In this

---

① Harrison L. E., Huntington S. P., *Culture Matters. How Values Shape Human Progress*. Basic Books, NY, 2000.

regard, we cannot pass by I. Kant and his creative heritage for a number of reasons. The most important reason is that the famous German philosopher and educator was one of the first to talk about the need and ways to achieve eternal peace in the conditions of fundamental globalization that was gaining momentum at that time.

Another historical merit of Kant lies in his development of the concept of morality and in pointing out the fundamental universality of moral requirements, which distinguishes morality from many other social norms (customs, traditions) similar to it. "There are very few people acting according to the principles", wrote I. Kant, "which, however, is very good, since it can easily happen that there will be a mistake in these principles, and then the harm resulting from this will spread the further. The more general the principle is and the more inflexible the person who is guided by it. There are many more people acting out of good intentions, and this is excellent"[①].

As we can see, morality, although it is unevenly distributed among people, is still an essential characteristic of a person. It is also an integral part of a modern society in conditions of multidimensional globalization. Hence, the philosophy within which ethical problems are discussed, and which has already done a lot to identify the essence and all possible consequences of globalization, should now give priority to axiology and morality, and consider them from the point of view of global processes[②]. There are at least two reasons for such a turn of philosophical research towards new values and ethics.

Firstly, the spheres of specialization have already been clearly defined in modern globalism when various scientific disciplines have occupied their very specific niches in the study of the entire complex of problems of interest to globalism. In this regard, philosophy, in addition to its ideological, methodological and integrative functions, is also entrusted with the task of critically comprehending existing values, norms and principles by which a person is guided in his behavior. There is also the task of developing new approaches in this area.

Secondly, the clearer the objective picture of the processes of globalization becomes, the clearer the fact becomes that the whole complex of problems humanity has faced in recent decades largely stems not only from the natural course of events, but also from the corresponding actions of people conditioned by their morality and values. At the same time, as the trend of universalization and the growing unity of the world is increasingly revealed, isolationism and confrontation of different cultures are increasing in the sphere of cultural and spiritual life, along with integrative processes. Thus, one of the most important tasks of philosophy is the development of value foundations and the formulation of moral principles of the future world society, as well as the formation of a humanistic, globally oriented worldview that would adequately reflect the realities of the modern era.

Intercultural Dialogue and Overcoming Global Problems

There is no fundamental disagreement among experts that certain moral and ethical principles that would be recognized and supported by the majority of humanity should correspond to global humanity.

---

① Kant I. Sochineniya v 6-ti tt. T. 2. [Kant I. Works in 6 vols. T. 2.].-M., Mysl', 1964. 150

② Edited by Mikhail Sergeev, Alexander Chumakov, and Mary Theis ; with a foreword by Alyssa DeBlasio. Description: Leiden, *Russian philosophy in the twenty-first century : an anthology*. Boston : Brill Rodopi, 2021. 32-49

As the Russian philosopher A.A. Huseynov notes in this regard, "if we talk seriously about the global world, it cannot hold on to one dialogue and fully function without a single global ethos ... It is necessary to talk about such a single global ethos, which is not limited to the dialogue of different cultures, but is rooted in a single-universal, universal-culture"[①].

In this regard, we note that having crossed the turn of the new millennium, the world community has entered a fundamentally new phase of its historical development. It faces the need to move from the fragmentation, disunity and fragmentation of the world's socio-political and economic ties to their unity, integrity, community, and globality. These changes were most clearly manifested at the end of the 20th century, largely due to the information technology revolution, which is taking place so quickly and rapidly that people do not have time not only to respond adequately to them, but even to sufficiently and theoretically comprehend and realize the essence of what is happening. For the same reason, moral and ethical norms, which are inherently conservative and do not lend themselves to rapid transformations, also lag behind the changes taking place in the modern world in many ways. There are many examples in this regard: from the thoughtless destruction of fauna and flora stemming from an outdated attitude to the subordination of nature to human needs, to conservative views on the need for unconditional and indispensable preservation of all traditions of a particular ethnic group in the conditions of increasing interdependence of countries and peoples. However, it is more important in this regard to talk about tolerance.

Being the most important component of culture, tolerance presupposes such relations between people that are based on the right and respect for persons, tolerance for dissent and other points of view[②]. The problem of tolerance is especially growing in the conditions of active globalization of culture and international relations, when the urgent need for intercultural dialogue makes it a vital necessity both for civil society and for the survival of the individual himself. Emphasizing this circumstance, X. Ortega and Gasset once wrote: "There is no culture where there are no principles of civil legality and there is no one to appeal to. There is no culture where the basic principles of reason are ignored in resolving disputes (whoever does not try to stick to the truth in a dispute, does not strive to be truthful, is a mental barbarian. Such is the man of the masses when he has to conduct a discussion, oral or written)"[③].

More than 90 years have passed since these lines were written, but the urgency of this problem has not weakened but intensified instead. The increased human capabilities to both create and destroy make an already fragile and unstable world very vulnerable, and the problem of dialogue and tolerance is an absolute norm of interpersonal and intercultural communication. Particular attention was paid to this, in particular, at the 12th International Beijing Forum, which was held on November 4-7, 2010 and was devoted to the theme "Harmony of civilizations and prosperity for all. Commitment and responsibility for a better world." As noted in the final resolution of this forum: "Globalization generates serious problems such as the global environmental crisis, the international financial crisis, political and military clashes, religious and national conflicts, terrorism, and inequality. Under these

---

① *Global Ethos.*, 1999: 20
② *Problems of Language.*, 2016
③ Ortega i Gasset H. Vosstaniye mass [Ortega and Gasset H. Revolt of the masses] // Voprosy filosofii.-1989, No 3. S. 144.

circumstances, we should not only analyze these problems and seek answers through science, technology, economics and politics, but also think more deeply about the perspectives of faith, ethics and core values. Otherwise, we will not be able to understand each other's existential doctrines, we will not be able to act on the basis of common sense, let alone be able to take on common responsibility or common actions in the interests of our common home"①.

Morality and Law are the Main Regulators of Public Relations

However, it is necessary to take into account the fact that the modern world is a world of contrasts. On the one hand, morality in some respects has risen to unattainable heights when, along with the intensification of the struggle for human rights, there are even social movements in defense of animal rights, and in a number of countries for rough treatment of them you can end up in prison②. At the same time, flagrant crimes are "not noticed" and remain undiscussed and uncondemned if behind them there are political, economic or other interests of the "powerful of this world". This also includes the problem of "double standards" that arises in interstate relations when solving a number of issues related to international terrorism or transnational financial fraud. At the same time, as a rule, behind this lie the interests of individual states or very influential forces, which only confirms the above judgment. A striking example of this kind is the current situation in the Middle East or, for example, the contradictory international assessment of the current situation in Afghanistan③.

At the same time, the objective course of events leads to the growth of understanding that in the name of preserving peace, both general principles and general rules of living together should dominate in it. This is also prompted by the practice of real actions taken by the world community, showing that the solution of modern contradictions in many respects rests on the centuries-old norms, principles and stereotypes of human behavior, which increasingly ceases to correspond to the realities of the global world. Many of these norms (national sovereignty, self-sufficiency, independence, the right to self-determination, etc.) today need a fundamental rethinking, and the meanings of these concepts need to be adjusted, while others, for example, tolerance, non-violence, dialogue and peaceful coexistence, should be maximally developed, even absolutized and placed at the forefront of public relations both in the domestic and foreign policies of various states④.

The problem, however, is that people do not have time, or even do not want to change their behavior at all. They do not want to correct their worldview adequately to the rapidly advancing changes. And the point here is not only in the conservatism of established norms, the change of which does not keep pace with the dynamics of life, but also in the egoistic nature of a person, whose aggressive essence manifests itself the easier and stronger, the worse he is brought up and educated, and the less he is subject to external regulation from the society of norms and rules.

---

① See: www.beijingforum.org
② Walters G.J. *Human Rights in an Information Age. A philosophical Analysis*. University of Toronto Press Incorporated, Toronto. 2001.
③ Chumakov A. N. *Philosophy of Globalization. Selected articles-3rd rev. and expand.* ed.-Moscow : Moscow University Press, 2020.
④ edited by Chumakov A. N., and Gay W. C., *Between Past Orthodoxies and the Future of Globalization: Contemporary Philosophical Problems*. Leiden, Boston: Brill-Rodopi, 2016. 212-227

I. Kant drew attention to this in his times when he wrote: "Individual people and even entire nations ... each, according to his own understanding and often to the detriment of others, pursues his own goals ... Man is an animal that lives among other members of his kind, needs in the lord. The fact is that he necessarily misuses his freedom in relation to his neighbors; and although he, as a rational being, wants to have a law that would define the boundaries for everyone, but his greedy animal inclination prompts him, where he needs it, to make an exception for himself ... It is impossible to understand how he creates for himself the head of public justice, which itself would be fair. After all, everyone invested with power will always abuse his freedom when there is no one above him who would dispose of him in accordance with the laws "[1].

Here, as we can see, morality is correlated with laws adopted in society. At the same time, although morality and law are inconceivable without each other, morality, nevertheless, has priority role over law, because morality and values cannot be imposed or put into effect by decree or force. Their updates do not take place too quickly, and their formation and implementation take a significant amount of time.

But there is just no time for this; more precisely, it is simply not enough, because it is necessary to respond to very serious challenges today. And one should not harbor illusions that humanity can protect itself by eliminating, for example, harmful industries or nuclear weapons. Firstly, there are no sufficient grounds for such hopes due to the great inertia of social dynamics, and, Secondly, the aggressive nature of a person is such that, even having buried an ax, he usually keeps his hand on the ax, each time relying on strength, when there are not enough arguments in resolving controversial issues. As a result, we can say that as the processes of globalization intensify, it becomes more and more obvious that the creation of a single geographic space does not solve the rest of the problems of a single humanity [2].

And although the socio-economic and political balance on a global scale is based on international economic interdependence, it still continues to be largely maintained by military force. Possessing modern weapons, humanity in such a situation will continue to remain on the brink of disaster, balancing between war and peace. It follows from this that the main efforts of the world community should be directed, first of all, not at the struggle against someone or against something, but at creation.

But, in essence, people have only two main levers to regulate social relations in a civilized manner—morality and law. Hence, conscience and fear, which underlie human psychology and predetermine (along with needs and interests) the behavior of people, should be taken into account first of all when it comes to comprehending the current trends in the global world.

It should be noted that morality and ethical norms that regulate a person's behavior from the inside, based on his conscience, mean little in themselves without external regulation where the main role is played by legal norms based on the force and inevitability of punishment. People will never be able, because of their initially contradictory (biosocial) essence, to abandon the power in the regulation of social relations, but the degree of need for it and the form of its manifestation will always

---

[1] Kant I. Sochineniya v 6-ti tt. T. 6. [Kant I. Works in 6 vols. T. 6.].-M., Mysl', 1966. 7-14
[2] Chumakov A. N. Global'nyy mir: stolknoveniye interesov : monografiya [Global World: Clash of Interests : monograph].-Moskva : Prospekt, 2019. 267-275

depend on the level of civilization of society, which is determined not by officially proclaimed morality, but by that which is deeply penetrated into the souls of people, into the fabric of social consciousness and from various sides manifests itself in everyday human behavior. At the same time, there is no fundamental difference as to whether the case concerns an individual, a collective, a state or all of humanity. Each of these subjects in realizing their interests, in achieving their goals can be limited, on the one hand, by objective conditions and the strength of moral "brakes" (generally accepted and voluntarily fulfilled agreements, agreements, etc.), and on the other hand, by external forceful impact or a real threat of such impact.

The entire history of mankind is a confirmation of this conclusion. The never-ending attempts of some people on the life, freedom and property of others (be it a special case, a regional conflict or a war), in fact, have always happened (and are happening) in the absence of these restrictions. At the same time, the arguments of force and the arguments of morality have different "weight categories"; moreover, the regulation of social relations is based only on ethical norms, i.e., with the complete domination of tolerance and non-violence. In principle it is impossible. The more we would like to give up power, the more we must free a person from vices and bring him closer to perfection, to a god-like being. But how can this be achieved? After all, the entire modern world will not become a monastery, and besides, not everything is so sacred there.

The level of humanization of people is limited by a quite definite threshold in the development of their morality, set by the same biosocial nature of man, which was pointed out in their times by I. Kant, K. Mark, F. Engels, F. Nietzsche, F. M. Dostoevsky, Z. Freud and many others[1]. Hence, using the entire arsenal of culture, all the resources and possibilities of upbringing and education, one should also recognize the cardinal role of force (sometimes quite a real threat of its use) in the formation and regulation of social relations, including international ones. At the same time, direct pressure and force should be viewed as an inevitable evil that must be introduced into the framework of the law, using the force of public opinion as a counterbalance to the power and power structures. The globalizing world also requires an indispensable striving for the development and establishment of universal law.

So, it is important to keep in mind that since nature including human nature does not tolerate emptiness, all social relations that are not subject to moral regulation must be fully regulated from a position of strength (in order to avoid the worst) and of course appropriately designed. At the same time, one should not neglect alternative means and methods of influencing people's behavior, in particular, through "soft power". This is the only way to count on the maximum approach to resolving all kinds of conflicts by peaceful means, on removing the acuteness of common human problems and on the survival of world civilization, which has finally united all peoples in all their cultural and civilizational diversity[2].

Humanitarian Aspects of Social Development

The above is the basis for the regulation of public relations at the international level. At the same

---

[1] Edited by Alexander N. Chumakov, Ivan I. Mazour and William C. Gay. With a Foreword by Mikhail Gorbachev. Editions Rodopi B.V., *Global Studies Encyclopedic Dictionary*. Amsterdam/New York, NY, 2014. 255-264

[2] Weizsäcker E., Wijkman A., *Come On! Capitalism, Short-termism, Population and the Destruction of the Planet — A Report to the Club of Rome*. Springer, N.Y. 2018.

time, people are forced to solve current and long-term problems on a daily basis. And here the ability to understand each other and agree on a joint solution to problems on mutually beneficial terms is of fundamental importance.

This task, as noted above, is solved through the cultural and civilizational dialogue, which in the global world is essentially the only possible way to constructively resolve contradictions and the most important factor in ensuring balanced social development both at the global level and at the level of individual states. However, the possibilities for such a dialogue are limited by a number of circumstances:

First, the approaches based only on the "dialogue of cultures" or only on the "dialogue of civilizations", if taken separately, are ineffective and doomed to failure. They do not reflect the true (cultural and civilizational) nature of social life, which is a fusion and a combination of cultural achievements and civilizational relations of society.

Secondly, since any culture is initially self-sufficient and strives to preserve its identity, entering into confrontation and conflicts with other cultures and then having a constructive dialogue based only on cultural grounds is impossible. Hence, there is no reason to place hopes on intercultural dialogue and count on rapprochement on this basis of different positions. But there are no serious grounds for concern, if we take into account that all dialogues take place not on cultural, but on civilizational grounds when culture acts as a background of such a dialogue. And the higher the level of civilizational development is, and hence the background of common experience, the interacting parties have, the more productive the dialogue can be. As Aristotle rightly noted: "There is no doubt that those who intend to participate with each other in a conversation should understand each other in some way"[1].

However, the current level of civilizational development of individual peoples, and of mankind as a whole, still remains at an extremely low level. At the same time, even in the scientific community, unfortunately, there is still no proper understanding that the level of civilization of a particular people (country, collective, individual) is the reverse side of their cultural development. That is why the policy of multiculturalism, which does not take into account the civilizational gap in the development of different cultures, suffers from a serious defeat not only in Europe, but also in other countries and regions.

For the same reason, one cannot agree with S. Huntington when he speaks of the "clash of civilizations". In fact, there is a confrontation not between civilizations, but between various "cultural and civilizational systems" (for example, Western and Eastern, capitalist and socialist, Islamic and Christian.) where these systems are against each other on cultural grounds and are at the same time attracted to each other on civilizational grounds. It is these two oppositely directed tendencies of social development that underlie the diversity of cultural and civilizational systems, which represent all of humanity[2].

Thus, the cultural and civilizational dialogue presupposes the recognition that the modern global world is initially multipolar. To ensure the effectiveness of such a dialogue, it is necessary to have

---

[1] Aristotel. Metafizika / Perevod s grecheskogo A. V. Kubitskogo [Aristotle S. Metaphysics / Translated from Greek by A. V. Kubitsky.].-M., Eksmo, 2006. 291

[2] Alexander Chumakov., *The Globalized World from the Philosophical Point of View* (*Chinese Edition*). Book Jungle, 2018. 244

common civilizational principles for organizing public life, the most important of which are:

—a system of ethical norms and values acceptable to all (universal human morality);

—a unified legal field (global law);

—consistency in the definition as well as the recognition and implementation of fundamental human rights;

—religious tolerance and freedom of conscience[①].

Responsibility for the formation of such principles and provision of conditions for a productive dialogue in the global world lies, first of all, with the world political, scientific and business elite, as well as with nation states and the largest governed social systems. At the same time, the degree of responsibility of certain states is directly proportional to their place in the system of global economic, military-political and cultural relations.

The foregoing allows us to conclude that dialogue in the modern world is the only way to overcome any contradictions. An alternative to it can only be a "war of all against all", which in the context of a clash of global interests is tantamount to self-destruction[②].

Hence, common morality and common law, which alone can provide such a dialogue, should become the main regulators of social relations in the modern world. At the same time, they should be more strictly defined and meet the requirements of the global world. So, each person should receive an appropriate education and learn to think in global categories or at least to perceive them, and realize that he is a citizen of a single world. But then people must act accordingly. In particular, for example, residents of developed countries cannot endlessly develop technologies that lead to the degradation of the natural environment or the destruction of the ozone layer in order to please their already exaggerated needs. Likewise, each nation, state, while supporting its traditions, beliefs and values, is simply obliged to put universal human interests in the first place in the name of preserving the future.

We cannot predict our future with certainty, but we are able to influence it in part through our actions, which must increasingly be based on the recognition of the integrity of the world, and, therefore, on the recognition of common moral principles and global values, the development and adoption of which have become the most urgent task of our time. In other words, the future is being laid today. It depends on correctly selected priorities and will be determined not so much by the achievements of scientific and technological progress as by the soft power of wise management and the development of the humanitarian sphere, where ethics and values will be valued above everything else.

---

① Edited by Ioanna Kucuradi, *Human Rights 60 Years after the Universal Declaration: Dignity and Justice for all of us*. Maltepe University, Istanbul, 2011.

② Editor Ino Rossi, St. John's University, New York City, USA, *Challenges of Globalization and Prospects for an Inter-civilizational World Order*. Springer Nature Switzerland AG, 2020. 1015-1030

伦理记忆与实证伦理

改革开放四十年中国乡村道德生活的变迁

孙春晨*

(中国社会科学院 哲学所,北京 100732)

> **摘 要**:改革开放以来,中国乡村的道德生活发生了巨大的变迁。一方面,传统乡村道德文化生存的土壤发生了根本性的改变,乡村道德生活呈现出新的形态,农民接受了新的道德观和价值观,由服从伦理到自主伦理的转变是农民权利意识觉醒的标志;另一方面,受市场经济行为规则和现代性价值观的影响,传统乡村道德文化陷入了日渐式微的境地。农耕文明是乡村文明的底色和本色,在乡村文化振兴战略中,乡村道德文化传统是重要的资源。
>
> **关键词**:改革开放;乡村道德生活;农耕文明;乡村振兴

中国传统的乡村文化具有以农耕文明为基础、地缘和血缘为纽带、社会关系伦理为秩序的特色,并在长期的历史发展进程中逐步形成了以家风家训、乡规民约、习俗习惯和民间信仰等为基本内容的道德文化形态。改革开放以来,中国乡村社会发生了剧烈和急速的变化,乡村的巨变不仅仅表现在乡村发展的外在样貌上,更重要的是体现在乡村文化尤其是乡村道德文化的变迁之中。伴随着现代化和城市化的不断推进,中国传统乡村道德文化生存的土壤发生了根本性的改变,农民接受了市场经济机制下新的道德观和价值观。同时,以工业文明和城市文明为标志的市场经济行为规则和道德文化强势来袭,传统的乡村道德文化陷入了日渐式微的境地。农民日益个体化的自主选择和个体权利意识的觉醒以及市场化和现代性价值观的影响,使得当代中国乡村道德文化出现了一些令人忧虑的问题。

一、农民权利意识的觉醒:由服从伦理到自主伦理

自中华人民共和国成立到改革开放前,在政治生活领域,通过强有力的和持久的政治思想教育和群众运动,将"以阶级斗争为纲"的意识形态转化为社会的主流思想,人们只能在政治服从的前提下工作和生活;在经济生活领域,实行的是政治统帅下的全面计划经济,国家控制了个人的社会流动和职业选择,并以严格的户籍制度和福利制度划分了城乡的界线,人们不能自由和充分地发挥自己的潜能。在人民公社体制下,农民不仅在经济生活领域受到计划经济体制的掣肘,没有经济活动的自主权,而且在政治生活领域必须遵守各级组织所规定的政治纪律;各级组织从意识形态高度提出的行为要求就是农民必须依循的道德准则,遵从政治伦理要求的行为就是合道德的行为、就是善,反之就是不道德的行为、就是恶,容不得农民去思考这样做到底有什么样的确凿理据。农民的道德生活与集体活动紧密相依,合作化和人民公社化时期的集体食堂、集体劳动、集体学习,其目的就是要"狠斗私字一闪念",以达到完全依赖

---

* 作者简介:孙春晨(1963—),江苏扬中人,哲学博士,中国社会科学院哲学所研究员,研究方向为伦理学理论、应用伦理学。
原文已发表于《中州学刊》2018年第11期。

和服从集体的道德纯洁。尤其是在"文化大革命"期间,在"无产阶级专政下的继续革命"的大旗下,个人所能做的就是对政治的绝对服从,如果有人对现实的政治和生活状况提出不同意见,就可能遭受"革命群众"的批斗。农民生活在这样的政治环境下,只有听任组织安排的绝对义务,只有对政治伦理权威体系的坚决服从,不可以轻举妄动。这种"无需思考,只要服从"的至高无上的、不容置疑的政治性道德生活形态是集权型、计划型政治伦理的高标样式,严重地窒息了农民自主意识和权利意识的生长。

改革开放和市场经济运行机制的确立,为农民提供了发展自我的相对公平的竞争环境,农民的主体意识和个体权利意识得到了觉醒和高扬,获得了日益自由的行为选择权利,呈现出与现代性相伴而生的个体化趋势。德国著名社会学家乌尔里希·贝克(Ulrich Beck)认为,所谓个体化,意味着"民族国家、阶级、族群及传统家庭所锻造的社会秩序不断衰微。个体自我实现的伦理在现代社会中处于最有力的位置。人们的选择和决定塑造着他们自身,个体成为自身生活的原作者,成为个体认同的创造者"①。就我国改革开放后的乡村社会而言,农民的个体化指的是农民从先前的政治性、组织性和社会性羁绊中"脱嵌"出来,这是农民"从传统时代到集体时代再到市场经济时代不断脱嵌、祛魅和再次嵌入的过程"②,在这一过程中,农民的自主伦理得以发育和发展。改革开放终结了以人民公社为标识的乡村生活的集体化模式,国家机器也从农民的日常生活中撤出,个体生存和发展的欲望得到承认。由此,农民拥有了自主处理生活事务的道德权利。依托市场经济机制而催生出来的个体化是农民自我解放的标志,农民从政治束缚和被动的组织认同中解脱出来,宣示了在个人发展上自我决定权的诞生,农民不再被高度集中的权力机构、无所不包的计划机制和整齐划一的集体行动所控制,逐渐成为可以自主决定过什么样的生活以及如何生活的自由独立的个体,这是我国农民在寻求自身人格和尊严上的一次历史性重大转变。

农民从服从伦理向自主伦理的转变,其主要表现之一就是价值观选择上的多元取向。改革开放前,无私奉献的集体主义价值观是意识形态政治伦理所推崇的唯一正确的价值观,农民的思想和行动被统一于这样的价值观之下,就不可能自主地选择其他类型的生活价值观。改革开放引发的社会流动性、生活方式多样性和价值观多元性以及市场经济运行逻辑带来的每个人生存和发展的机会,给农民提供了自主进行价值观选择的现实性和可能性,多元的价值观能够满足个体多样化的发展需求,农民可以依据自身对人生意义和生活价值观的理解,选择适合自己发展需求的生活方式。当代农民价值观的多元取向还体现在对自我日常生活自由的重视上,农民不只是在观念上对"自主、自由"有了明确的认同态度,更体现在对日常生活的具体处置上。例如,农民在建造新房时,有意识地增加了个人自由活动空间的设计,环绕居所的院墙虽然在一定程度上影响了与其他村民的随时交流,但是,它也避免了被无端打扰的可能,保护了个体的隐私权,为自己保留了自由活动的空间。自主和自由之于个体生活的意义,农民或许不能从学理上予以阐释,然而,他们却能够用具体的行动予以事实上的积极回应。

农民在摆脱了政治性管制、群体性依附而获得自由与权利以后,必然会在市场经济环境下面临如何处理权利和义务的关系问题。"在日常生活中,市场语言无孔不入,把所有的人际关系都纳入以强调自我利益、自我优先权为导向的模式。由相互理解和相互承认而结成的社会纽带,已经被自身功利最大化的选择和行为方式所摧毁。"③在市场逻辑和财富法则主导下的农民价值观日益走向世俗化、物质化,追求个人利益的最大化成为一些农民的唯一价值标准,并为此不择手段、为所欲为。"个人每天都被劝导、鼓捣着去追求他们自己的利益和满足,即使关心别人的利益和满足也是在其对自身的利益和满足产生影响的时候才会发生,因而现代社会的个人认为他们身边的人都是由类似的自我中心主义动机指导的。"④

---

① [德]乌尔里希·贝克、伊丽莎白·贝克-格恩斯海姆:《个体化》,李荣山等译,北京:北京大学出版社,2011年,第27页。
② 张良:《现代化进程中的个体化与乡村社会重建》,《浙江社会科学》2013年第3期。
③ 参见章国锋《后现代:人的"个体化"进程的加速》,《中国政法大学学报》2011年第4期。
④ [英]齐格蒙特·鲍曼:《流动的恐惧》,谷蕾等译,南京:江苏人民出版社,2012年,第145页。

在自主伦理的名义下,权利与义务的天平日渐失衡,一些农民的权利意识无限膨胀,放弃了应该履行的义务和责任。"摆脱了传统伦理束缚的个人往往表现出一种极端功利化的自我中心取向,在一味伸张个人权利的同时拒绝履行自己的义务,在依靠他人支持的情况下满足自己的物质欲望。这方面最突出的例子莫过于许多女青年在赢得婚姻自主权——'自己找婆家'之后,仍然向未来的公婆索取高额彩礼。又如,普遍存在的农村养老问题也同样源于权利义务失衡的自我中心主义价值取向。"[①]乡村孝道伦理的失落,是以个人主义价值观处理家庭道德生活、权衡代际关系中的道德责任的突出表现。当代乡村家庭的权力中心已从父辈转移到年轻一代,父辈已经丧失了过去在家庭生活中的权威,在家庭事务中没有了话语权和决定权,年轻一代成为家庭中的中坚力量,主导着家庭内部代际伦理关系中的责任分配。在家庭权力转换之后,年轻一代在拥有了自主处理家庭事务权利的同时,更应该主动地履行赡养父辈的道德义务,因为权利与义务是相伴而生的。然而,令人忧心的是,乡村的一些年轻人非常注重自我权利的实现,却不能自觉地承担赡养父辈的孝道义务。

二、农民的"恋土"与"离土":农耕文明伦理传统的衰微

讨论改革开放以来乡村道德生活的发展和变迁,农民与土地的关系是一个必须关注的切入点。土地是人类文化和文明发展的重要载体,它内蕴着人类的生存伦理和对大自然的道德感情。美国学者段义孚(Yi-Fu Tuan)用"恋地情结(topophilia)"来定义人类对物质环境尤其是土地的特有情感,这种情感"是对某个地方的依恋,因为那个地方是他的家园和记忆储藏之地,也是生计的来源"[②]。土地是表征农民特定身份的符号,土地是农民的安身立命之所,农民的"恋地情结"里蕴含着与土地的亲密关系。农民将深厚的土地情结内化成了对大自然和乡村的热爱,他们依赖于土地,将生命融入土地之中,土地成为农民生命的一部分,与土地的亲密交融是农民的存在和生活方式,农民对作为主要生存资源的土地怀有深深的虔敬之感。在传统社会,尽管家乡十分贫穷,但大多数农民仍然不愿意迁移到其他条件更好的地方,原因就在于他们对土地和家乡的深深依恋。

在传统的乡土社会,土地使农民的生活有了相对的保障,这是农民生存安全感的重要来源。农民与土地之间的关系,在很大程度上影响和塑造了中国传统伦理文化的内在精神气质。美国女作家赛珍珠(Pearl S. Buck)在1931年出版的《大地》(*The Good Earth*)一书中淋漓尽致地展现了中国农民的守土情结,描写了离不开土地、与土地有着生死关系的中国农民形象,揭示了中国农民"恋土"的情感。他们从土地中获取永不枯竭的力量,在土地上辛勤劳作,以表达他们对大地的敬畏之情。离开了土地,农民便失去了生命的价值和意义。农民在与土地、与乡村生态环境的持续相互作用过程中,形成了自身以及乡村的历史、文化和传统,"我不能想象,在没有对土地的热爱、尊敬和赞美,以及高度认知它的价值的情况下,能有一种对土地的伦理关系。所谓价值,我的意思当然是远比经济价值高的某种涵义,我指的是哲学意义上的价值"[③]。土地是农民生存和发展的根基,种地是农民所能选择的最稳妥、最可依赖的经济生产方式。农民对土地的感情和以土地为纽带的经济行为与交往行为,形成了具有独特文化特征的农耕文明传统。

农耕文明是一种不同于游牧文明和工业文明的文明形态,中国数千年的乡村文明发展史表明,农耕文明是乡风文明的根和魂,它孕育了乡村内敛式的道德文化形态和农民自给自足的生活方式,与现代文明所倡导的和谐友善、低碳消费等价值理念十分契合,它对土地有着强烈的依赖性,这就使得乡村的道德生活带有鲜明的"重土"特色。中华民族的农耕文明是人类文明宝库的重要组成部分,体现了乡村文

---

① 阎云翔:《私人生活的变革》,龚小夏译,上海:上海书店出版社,2006年,第5页。
② [美]段义孚:《恋地情结》,志丞、刘苏译,北京:商务印书馆,2018年,第136页。
③ [美]奥尔多·利奥波德:《沙乡年鉴》,侯文蕙译,长春:吉林人民出版社,1997年,第212页。

明的底色和本色,而在农耕文明基础上形成的乡村道德文化在传统乡村治理、引领乡村风尚和凝聚乡民人心中具有不可替代的功能。如果乡村的土地被工业化和城市化进程所蚕食,农民失去了土地,农耕文明的发展自然也就无所依托。

在传统乡村社会,农民的人生理想和抱负以及所能赢得的名声和赞誉,都与土地有着紧密的联系。在一个村庄共同体中,一个人是否善待土地、是否能在土地上辛勤劳动成为村民之间道德评价的重要标准,"一块杂草多的田地会给它的主人带来不好的名声。因此,这种激励劳动的因素比害怕挨饿还要深"①。对于村里的能人与懒人、善人与恶人,村民们有目共睹。这种来自同一村庄共同体成员的道德评价,关涉一个农民在村庄共同体中的生存环境和道德地位。因此,农民是否对土地抱有敬畏之情,能否在土地上辛勤劳作,不仅成为农民是否具有优良劳动伦理的试金石,而且更重要的是,它是一个人能不能融入传统村庄道德共同体的前提条件。

自中华人民共和国成立以来,伴随着社会主义改造、合作化和人民公社化运动,国家运用行政力量将农民组织起来,实施集体化农业生产模式,彻底取代了传统的以家庭或家族为生产单元的小农经济,并采用严格的城乡二元户籍制度将农民绑定在土地上,农民几无社会流动的渠道。改革开放后推行的家庭联产承包责任制,释放了农民种田的积极性和能动性,农民在获得了生产经营自主权之后,可以自主安排自己的生产和生活,不必完全将自己禁锢在土地上劳作。20世纪90年代以来,市场经济的发展和乡村社会的结构转型以及大规模农村劳动力向城市的流动和转移,改变了乡村的发展轨迹,土地在农民心目中的神圣地位不断降低,农民的"离土"时代也随之到来。

农民之所以选择到城市里寻找生活的出路,最主要的原因就是想改变他们当下的生活处境:其一是农业收入低,农民生活困顿,单靠农业收入达不到普遍国民的生活水平;其二是农村就业机会匮乏,日常生活所需、子女的教育投资等必须面临的问题主要依赖农业之外的收入,农民必须走出去才能找到更多就业机会;其三是改变先赋性身份的愿望。"离土"实际上寄予了农民对改变身份和阶层地位的期待。② 农民的"离土"有主动"离土"和被动"离土"两种情形:主动"离土"指的是农民自主选择离开乡村,与土地劳作告别,去城市寻求发展机会,以获得比在乡村种地更高的经济收入;被动"离土"源于工业化、城市化的发展,农民的土地被政府征用,这是工业化、城市化过程中不可避免的现象。

乡村的新生代农民赶上了改革开放的新时代,在他们成年后就可以自由地"离土"去城市打工,虽然他们的身份是农民,但基本上没有务农的经历,错过了与土地和农业亲密接触的机会,种田在他们眼里是一项吃苦不赚钱的苦活计,他们不甘心像父辈那样在乡村侍弄黄土地。他们不看重在土地上辛勤耕作的传统的劳动伦理,一些新生代农民甚至对耕作土地的劳动怀有本能的排斥。与老一代农民相比,新生代农民有一定的文化和技能,他们追求自我价值的实现,渴望融入色彩斑斓的现代化城市生活,因受到城市文明的浸染,他们对土地的情感日渐淡薄,乡土观念不断弱化,越来越远离了乡村传统道德的约束。城市生活中以陌生人为对象的人际交往方式,改变了他们在乡村习以为常的以熟人为基础的伦理关系,动摇了原有的道德价值观。新生代农民主动离开乡村去城市寻找发展机会,其直接后果就是留在乡村的老人和孩子不能对土地进行精耕细作,甚至将土地撂荒,承载着农耕文明的乡村景观因土地的荒芜而显现出凄楚的境况。在强大的资本力量运作土地和迅猛的城市化吞噬土地的双重裹挟下,当农民不再"恋土"、不再将心力倾注于土地的耕作时,当农民将城市的繁华与喧嚣作为其向往和追逐的生活目标时,农耕文明所承载的乡村伦理文化传统的衰微也就无法避免。

农民"离土"导致了乡村的"空心化"。从全国范围看,乡村的空心化现象比较普遍,而且呈不断扩展的趋势。在一些乡村尤其是经济不发达或欠发达乡村,留守在乡村居住和生活的基本上是妇女、儿童和

---

① 费孝通:《江村经济:中国农民的生活》,北京:商务印书馆,2001年,第160页。
② 参见孙庆忠:《离土中国与乡村文化的处境》,《江海学刊》2009年第4期。

老人。乡村的"空心化"不只是人口的空心化,还有乡村文化的"空心化"。虽然在未"离土"的老一代农民身上,依然留存着传统乡村道德文化的基因,但因他们无法适应现代市场经济社会的发展,渐渐沦为乡村共同体的边缘人物,不能在乡村道德生活领域充分发挥作用,而新时代农民又处于"不在场"状态,这就使得乡村缺少了传承和弘扬优良道德文化传统的行为主体。乡村的"空心化",使得乡村没了人气,而没有人气的乡村,活跃的乡村伦理关系网络就不能建立起来,几千年积淀下来的乡土道德文化的生机日趋黯然,传统乡村文化中重人情、重互惠和重关怀的美德逐渐淡化,邻里之间守望相助、扶弱济贫的紧密型乡村伦理关系面临解体。更为严重的是,乡村的"空心化"是对乡村社会伦理秩序的人为消解,导致需要村民团结合作的集体行动难以开展,村庄的公共生活事务也就失去了村民自治的基础。

三、农民的行为选择:"道义农民"抑或"理性农民"

在农村社会学和经济人类学等研究领域,两位美国学者斯科特(James C. Scott)和波普金(Samuel L. Popkin)的理论时常被研究者们提及,他们不同的理论观点的对垒在学界称之为"斯科特-波普金论题",即"道义经济"(The Moral Economy)和"理性农民"(The Rational Peasant)之争,这一论题的本质是如何看待农民的行为选择。

斯科特使用"道义经济"的概念去分析农民的行为选择,反对用"理性经济人"的假设去理解农民的行为。在其著作《农民的道义经济学》中,他提出的一个核心概念是植根于乡村社会的经济实践和社会交易之中的农民生存伦理。他认为,在"安全第一"的生存伦理下,农民的耕作行为追求的不是利益的最大化,而是较低的风险承担与较高的生存保障。农民所追求的并非一切人完全平等,而是人人都有生存的权利。所谓"安全第一",是指农民的行为选择倾向于安全感和可靠性,对于在土地上维持生计的农民来说,更期望的是稳定和持久的实际收入,而不是更高的风险收入[①]。同时,传统乡村的互惠伦理又保证了个体在遭受厄运时,能够在家庭家族和亲属纽带以及乡村共同体中获得救助,家庭家族和亲属纽带以及乡村共同体是农民生存的"安全阀"。传统乡村的社会经济生活安排是从生存伦理出发而构建的,并由此影响和塑造了传统乡村社会的农民有关公正观念、权利义务观念和互惠观念等道德文化习俗。

与斯科特将农民视为"道义农民"、将传统乡村共同体看作"道德社区"不同,波普金在其著作《理性的农民》中认为,农民是理性的个人主义者,其行动的现实动机是追求自身利益的最大化以及最优的资源分配。农民不只是为了维持基本的生存而劳作,他们也会基于各自的偏好和信奉的价值观,对行动所可能产生的结果进行审慎的评估,最终做出自认为能够带来最大化预期效用的选择[②]。因此,由"理性农民"组成的村落只是空间上的概念,农民在松散而开放的村庄中相互竞争并追求利益最大化,并不存在利益和道德价值上的认同纽带,市场经济社会中的集体理性问题、公共物品问题、搭便车问题和囚徒困境问题等,同样困扰着乡村社会,并极大地削弱了传统乡村社会福利惯例与乡村运行制度的稳定性和有效性。由于农民的行动被自身利益的理性所驱使,乡村共同体的伦理观和道德文化传统受到了强力的挑战。

斯科特运用功能主义方法,将乡村共同体的生活形态视为在乡村伦理规范体系引导下运转的后果,因为这些伦理规范很好地适应和调适了乡村共同体生存的需要;波普金运用"理性经济人"的方法,把乡村共同体的生活形态看作是农民在市场环境下理性的行为选择。事实上,当代中国的乡村社会既有斯科特描绘的"道义农民",也有波普金刻画的"理性农民",他们各自的理论提供了研究乡村道德生活变迁的不同视角。

中国传统的乡村道德生活正如斯科特的"农民道义经济"模型所呈现的那样,是一个具有高度集体认同感的内聚型的道德生活共同体,它通过内部的再分配机制来实现乡村共同体成员生存和发展的目

---

① [美]詹姆斯·C. 斯科特:《农民的道义经济学》,程立显等译,南京:译林出版社,2013年。
② S. Popkin, *The Rational Peasant*, California: University of California Press, 1979.

的,当一些成员遇到生存危机时,也可以依赖乡村共同体成员之间的互惠和庇护伦理关系提供非正式的社会保障。在具备内生的伦理关系网络和道德运行机制的乡村,农民的行为选择趋向于谨小慎微的保守主义,会尽量减少未知的道德风险。传统乡村社会的熟人共同体虽然缺乏现代意义上的发达而有序的公共生活伦理文化,但是,这并不妨碍传统乡村公共生活的道德治理。改革开放前的计划经济时代,虽然农民不能进行自由的经济行为选择,但是,在国家和集体力量的支撑下,农民的基本生存权利得到了制度上的保证。改革开放后的市场经济机制下,"农民道义经济"的行动逻辑并非完全不存在,农民除了关心个人的利益之外,还会将对他人福利的关心纳入个人的效用函数之中,把乡村习俗和传统伦理规范视为一种有助于个人效用函数最大化的价值理性,诸如互惠、慈善等受他人尊重的这类社会价值也可以作为个人效用的重要组成部分,因为遵守乡村习俗和传统伦理规范,并不妨碍合理的个人利益的实现。

波普金的"理性农民"理论更适合解释市场经济条件下农民的行为选择。"理性农民"的偏好和欲望是个人主义的,只为满足自己的偏好和欲望作出行为上的取舍,不会去主动考虑个人利益与他人利益和社会利益的伦理关系应该如何处理的问题。当个人利益与他人利益和社会利益发生道德冲突时,"理性农民"往往只为自身的利益着想,选择能够给自己带来最大利益的行为。随着市场经济的利益原则"嵌入"乡村社会的程度愈来愈高,农民不仅认可了市场经济的制度安排,而且接受了参与市场经济活动可能带来利益风险的观念,传统的乡村文化习俗和道德规则对农民行为的约束效力日趋弱化,一些农民为了经济利益甚至无视乡村的文化习俗和道德规则。市场经济在培育了农民的竞争、效率等观念的同时,也带来了见利忘义、损人利己等道德问题。农民行为选择的理性化,使得村民之间的交往渗入了利益的计算因子而走向了功利化,利益驱动成为一些农民的主要行为方式,由于过于看重市场社会的利益交换原则,乡村温馨的伦理关系和道德情感也被金钱所污染。在乡村曾经盛行的互惠性换工和帮工场景已逐渐消失,金钱成为维系人际关系的主要"砝码"。以财富和金钱衡量一个人社会地位的物质主义和实用主义价值观弥漫于乡村的公共生活之中,导致乡村公共生活伦理的缺失。"理性农民"有着很强的个体化意识,个人主义和利己主义价值观盛行于人际交往之中,他们不关心乡村的公共事务。当代乡村公共生活伦理的建构需要研究的主要问题是,如何以维护乡村公共利益为中心,建立起全体村民的权利得到有效保障、村民又能履行自身道德义务的新型伦理形态。

四、结语

"每一个人的故乡都在沦陷",这是一句频繁出现在各类媒体上的感叹语。今日乡村的现实景象,已然失去了古代文人骚客们所描述的传统农业社会和农耕文明如桃花源般的美妙意境。"乡愁"是伴随着现代性、以城市文明和工业文明的视野观照传统农业社会和农耕文明而滋生的复杂情感,它意味着当代中国人对乡村田园生活的憧憬以及对城市化和工业化生存模式与生活方式的反思,更是当代中国人在改革开放和市场经济时代对传承发展作为中华民族之灵魂的乡村道德文化的热切期盼。留得住乡村的优良道德文化,才能留得住"乡愁"。乡村文化不仅体现在山水风情、村落农田自成一体的美景之中,还表现在乡村所保存下来的家风家训、乡规民约、习俗习惯和民间信仰等道德要素之中。

80多年前,梁漱溟先生基于他对中国乡村的认识,提出了中国乡村的最大问题是文化遭到破坏以及社会伦理关系失序的观点,并致力于乡村建设的实践,试图通过对乡村的文化重建和改造来振兴乡村。在新时代的乡村振兴战略中,乡村的道德文化传统是重要的资源。乡村道德文化是引导乡村风气和凝聚乡民人心的不可替代力量,乡村文化振兴,需要深入挖掘地方性的道德文化传统资源,积极发挥家风家训、乡规民约、习俗习惯和民间信仰等道德文化的作用。"中国农民丰收节"的设立,就是乡村振兴道德发展之路的一个重要举措。农民的丰收,必然是土地的丰收,设立"中国农民丰收节"的道德意义在于,这是对中国农耕文明传统以及乡村道德文化的传承和弘扬。

伦理共识的哲学基础

"伦理共识"与人的生存方式的重构

贺 来[*]

(吉林大学 哲学社会学院,吉林 长春 130012)

摘 要:"伦理共识"困境的产生,是与现代社会"价值个体主义"的兴起紧密关联在一起的。"价值个体主义"根源于现代社会人们生存方式的转换,随着人们的生存方式从传统向现代的转换以及现代社会结构的形成,"伦理共识"才真正作为一个问题而凸显出来。"价值个体主义"导致了"价值的分化",它既给人的生存发展带来了重大的解放,也导致了伦理共识困境的产生。要克服"伦理共识"的困境,我们需要透过伦理问题,深入到人生命存在的历史发展之中,以人的生存发展为根据,处理好"一"与"多"、"公共性"与"私人性"、"理想性"与"现实性"等矛盾关系。在此方面,自由主义立场和保守主义立场各有偏失。马克思哲学主张,"伦理共识"的解决,需要超越导致"伦理共识"困境产生的人的现实生活根据,通过人的生存方式的重构来实现"伦理共识"的重建,这一观点具有深刻的启示性。

关键词:伦理共识;价值分化;现代性;人的生存方式

  在困扰着现代人和现代哲学的种种问题中,"伦理共识"是否可能以及何以可能这一问题,无疑具有十分突出的地位。对于现代人而言,价值信念已越来越成为个人私人领域的自我良知决断,每个人都可以根据自己的生活境遇来选择和确定自己的价值观。因此,价值观念是相对的,没有一个绝对的、普遍的、理性的根据来外在地规定每个人的价值归属,"全看你在什么地点,全看你在什么地方,全看你感觉到什么,全看你感觉如何……"[①],这首诗可谓形象地表现了现代人价值观念私人化和价值个体主义占据主宰地位的状态。于是,"伦理共识"似乎已成为一种越来越遥不可及的目标,人们越来越难以找到可以把人们维系起来的公共性的、普遍性的价值观念。然而,与此同时,随着现代社会人们交往的日渐频繁和复杂以及"公共生活空间"的不断扩大,"伦理共识"又越来越成为人们生活和社会发展的一种迫切要求。于是,在"价值的私人化"与"伦理共识"之间便形成了一个巨大的矛盾,正如阿佩尔所说,"一方面,对某种普遍伦理学的需要,也即对某种能约束整个人类社会的伦理学的需要,从来没有像现在……那么迫切。另一方面,为普遍伦理学奠定合理性基础这一哲学任务,似乎也从未像在我们这个科学时代困难重重"[②],或者像施太格缪勒所说的,"形而上的欲望与怀疑的基本态度之间的对立,是今天人类精神中的一种巨大的分裂"[③]。

---

[*] 作者简介:贺来(1969—),湖南宁乡人,哲学博士,教育部长江学者特聘教授,吉林大学哲学社会学院原院长、人文学部学位委员会主任,研究方向:马克思主义哲学基础理论、现当代西方哲学等。
[①] 参见[美]宾克莱《理想的冲突》,马元德等译,北京:商务印书馆,1983年,第9—10页。
[②] [德]卡尔—奥托·阿佩尔:《哲学的改造》,孙周兴、陆兴华译,上海:上海译文出版社,1997年,第257页。
[③] [德]施太格缪勒:《当代哲学主流(上)》,北京:商务印书馆,1992年,第25页。

那么，究竟如何理解"伦理共识"的当代命运，究竟以何种方式实现"伦理共识"的当代重建？要切实理解这一问题，必须深入到现代社会的本质，考察人们生存方式的转换，分析伦理共识重建所面临的内在矛盾，并寻求超越这种矛盾的可能途径。

一、"伦理共识"的困境与现代人生存方式的转换

要切实理解现代社会"伦理共识"困境的实质和根源，必须超越观念主义的思想方法，从现代人生存方式的变动中去寻求对问题的理解，只有从此立场出发，我们才能找到问题的根本，领会到"伦理共识"与现代人生命存在和发展方式变换之间的内在关联，认识到所谓"伦理共识"困境完全是一个典型的"现代现象"。

分析现代人生存方式的转换，可以从多个角度出发来进行。为了更好地揭示"伦理共识"与现代人生存方式之间的内在关系，我们将选取现代社会结构变化这一角度。这里所谓的"社会结构"，特指两方面的含义：一是从社会基本构成要素的角度，指政治、经济和文化这三个基本社会生活领域之间的结构关系，二是从个人与社会的关系的角度，指个人的"私人生活领域"与社会的"公共生活领域"这两大领域之间的结构关系。价值观作为文化的核心内容之一，总是存在于这两种社会结构关系之中，并深受这种结构及其变迁的影响。

对于传统社会结构，经典社会理论家们曾进行过诸多阐发，具体看法并不完全相同，但他们一致认为，"同质性"或"未分化性"是其最根本的特征。所谓"同质性"，主要指社会生活的各个领域在功能和需要上缺乏自主性和互补性，没有形成以充分分工、自主发展为基础的、开放的自愿联合，社会的整合主要依赖于一个自上而下的强制性政治权威来实现，社会生活的各领域处于一种无差别、无个性的机械统一状况之中。具体而言，在政治、经济和文化三大活动领域之中，政治拥有首要的地位，经济和文化领域没有自己的独立性，均从属于政治领域，从而形成了一个以政治领域为中心的、经济和文化领域均被动依附于它的"机械团结"（迪尔凯姆语）状态。同样，在个人的"私人生活领域"与社会的"公共生活领域"关系上，公共的政治权力对于个人"私人生活"拥有着绝对的统治权力，"私人生活"完全没有自己独立存在的空间而只能被动接受"公共生活"的主宰。

对于传统社会结构这一特点，马克思曾以法国的小农社会为例作过经典性的分析。他指出，法国的小农们，如同一袋马铃薯是由袋中的一个个马铃薯所集成的一样，缺乏任何真正的社会分工和社会交往，因而他们不可能通过功能和需求的相互依赖来形成横向的自愿联合，而只能依靠某种自上而下的行政性权威来实施社会的整合："他们不能代表自己，一定要别人来代表他们。他们的代表一定要同时是他们的主宰，是高高站在他们上面的权威，是不受限制的政府权力，这种权力保护他们不受其他阶级侵犯，并从上面赐给他们雨水和阳光。所以，归根到底，小农的政治影响表现为行政权支配社会"[①]。在论及欧洲中世纪时，他论述道："中世纪的精神可表述如下：市民社会的等级和政治意义的等级是同一的，因为市民社会就是政治社会，因为市民社会的有机原则就是国家的原则"[②]。"在中世纪，财产、商业、社会团体和每一个人都有政治性质；在这里，国家的物质内容是由国家的形式规定的。"[③]

传统社会结构所具有的上述特点，所反映的正是传统社会人们所特有的生存方式的性质。马克思曾说：前现代社会人们生存状态是以"人的依赖关系"为其特质的，共同体拥有超越于个人之上的绝对权威，个人完全依赖于共同体而彻底失去其独立存在的空间。上述"同质性"或"未分化"的社会结构正构成了传统社会人们所生存于其中的基本环境，处身于这种社会结构之中，个人除了屈从于共同体的绝对

[①] 《马克思恩格斯选集（第1卷）》，北京：人民出版社，2012年，第763页。
[②] 《马克思恩格斯选集（第1卷）》，北京：人民出版社，2001年，第334页。
[③] 《马克思恩格斯选集（第1卷）》，北京：人民出版社，2001年，第284页。

权威,不可能有任何自由的选择余地。

任何时代的"价值观"的存在状况都不是世界之外的抽象存在,受制于传统社会人们的生存状态和传统社会的社会结构,在传统社会中,"价值观"的存在必然会具有如下特点:

1. 一致性

同质的、未分化的社会结构内在地需要一种把社会成员凝聚和结合起来的"黏合剂",需要一种统一的精神力量来协助政治力量实现社会整合,而价值观正承担着这样的使命。现代社会理论的奠基人之一迪尔凯姆曾把承担这一使命的价值观称为"集体意识",在他看来,以"机械团结"为特征的传统社会,需要一套稳固的且被共同体所有成员一致抱持的价值情感和信仰,只有依靠此种一致性、集体性的价值信念,整个社会才得以维系着同质社会的机械有序性。马克思也曾指出,封建社会的封建主总是把自己的价值观予以普遍化,使之成为整个社会必须无条件遵循的"公德",从而作为维持其统治权力的重要手段。

2. 唯一性

为了有效维持整个社会的机械整合,传统社会只能允许一种价值观是"合法"的,因此,它严禁任何别的价值观存在并向主流价值观提出挑战,要求社会生活的各个领域——无论是政治生活,还是经济生活和文化生活;无论是社会的公共生活,还是个人的私人生活——都必须无条件地服从这种唯一的价值观念和价值规范。

3. 强制性

为了实现价值的社会整合功能,社会总是利用强制性手段来保证价值得到普遍的遵守,如果有谁违背,将作为"越轨"行为受到严厉惩罚。迪尔凯姆指出,在传统社会里,所谓"犯罪",就是指某项行为破坏了社会成员所"普遍赞同"的价值情感;所谓"惩罚",对于罪犯来说,就是对其违犯价值性的"集体意识"的赎罪,同时也是社会对他的一种报复行为,"我们欲报复的,亦即罪犯所须赎过的,是他对于价值的暴行"[1]。

上述特点充分表明,在传统社会结构的条件下,"伦理共识"的困境是根本不存在的,恰恰相反,强有力的"伦理共识"正构成了整个传统社会共同体得以存在的重要前提,构成了传统社会共同体用以规范人们行为、调节人们关系,从而进行社会整合以维持社会秩序的重要手段。可以说,"伦理共识"是整个传统社会结构的内在构成要素,价值的"主体间一致性"是无条件的。

只有随着人们的生存方式从传统向现代的转换以及随着现代社会结构的形成,"伦理共识"才真正作为一个问题而凸显出来。与传统社会结构完全相反,现代社会结构的典型特征恰恰是"异质性"和"分化性",就像亚历山大所指出的:"对于确定现代社会生活的实际特征、它所面临的紧迫威胁,以及它的现实前景而言,分化概念比当代的任何其它概念都更为贴切"[2]。这种"异质性"和"分化性"充分表现在两个基本方面:一是政治、经济和文化等社会生活的基本领域,从原来的以政治领域为绝对核心逐渐转向各领域的相对独立和自主,从而实现了从"领域合一"向"领域分离"的转向[3];二是个人的"私人生活"从社会的"公共生活"中分离出来,获得了独立自主的存在空间。

前一个分离意味着,社会生活的基本领域已从政治领域的强制性统合中分离出来,具有了"自成目的"和"自成体系"的自主性和独立性。在此,"以政治活动的目标为基准去限定经济、文化活动的必要性亦将不复存在,从而各个活动领域将以本己的目标为目标,即经济活动只以生产物质生活资料为目标……政治活动自然只以生产社会秩序为目标,文化活动则只以生产生活意义为目标,而无须被限定于

---

[1] Emile Durkheim, *The Division of Labour in Society*, New York: The Free Press, 1964, p.89.
[2] 亚历山大:《分化理论:问题及其前景》,《国外社会学》1992年第1期。
[3] 参见王南湜《从领域合一到领域分离》,太原:山西教育出版社,1998年。

其它目标之内"①。社会整合主要通过各领域彼此的分化和功能上的相互依存和相互补充来实现,而不再依赖对某种共同价值信仰和情感的皈依,对这种新的整合形式,迪尔凯姆称为"有机团结",以对应于传统社会的"机械团结"。

第二个分离则意味着,如果说在传统社会中的"公私不分"、个人的全部生活都依附于共同体因而根本无私人生活可言,那么,在现代社会,个人的私人生活获得了前所未有的承认,并真正成为一个不受公共权力干涉的思想和行为的领域,正如自由主义创始人之一密尔所言:"任何人的行为,只有涉及他人的那部分才须对社会负责。在仅只涉及本人的那部分,他的独立性在权力上则是绝对的。对于本人自己,对于他自己的身和心,个人是最高的主权者"②。把"私人生活领域"与"公共生活领域"相对分离开来,使"私人生活"获得自主的空间,是现代社会区别于传统社会的重要特征。

上述社会结构的分化所反映的是现代人生存方式在性质上的重大变化。按照马克思的论述,现代的生存方式是将"以物的依赖性为前提的人的独立性"为其特质的。社会结构的"异质性"和"分化性"正是这一生存特质在社会层面的集中体现,现代人正是生存在这一社会结构之中,并通过这一社会结构而获得每个人不可替代的独立的生存空间。

社会结构的分化给"价值观"带来的后果是极为严重的。它意味着,人们的生活失去了统一性,"现代人把每个人的生活分隔成多种片断,每个片断都有它自己的准则和行为模式"③,这种状态必然给人们的价值生活带来巨大影响,其直接的后果就是导致了"价值的分化",即统一性价值的瓦解以及价值存在样式的多元化。

"价值的分化"首先表现为价值的"领域分化",即社会生活的诸领域不再束缚于某种统一性、强制性的价值,而是逐渐形成了"属于自己"的、"领域性"的价值。如前所述,现代社会主要通过各领域功能的分殊和协作来实现社会的有机整合,各个领域都拥有自己的特殊目标和追求,因而具有"自成目的"和"自成体系"性。与这种结构形式相适应,社会生活各领域再也毋须,也不可能接受某种一致性、唯一性和强制性的价值规范来外在地为自己立法,而是要求从自身内在地生成出与各自领域相适应的独立的价值和规范。例如,政治领域所要求的价值是"正义",经济领域所要求的是"公平"和"效率",文化领域所要求的则是"自由"和"个性",等等。于是,在现代社会,传统社会那种总揽社会生活各个领域、充当各领域权威、为各领域立法的同质性、统一性价值已失去了存在合法性,取而代之的是局部性、领域性的"分殊价值"。

"价值分化"的另一重要表现是"公德"与"私德"的区分以及终极价值的"私人化"。"公私不分"的社会状况决定了传统社会不可能存在脱离"公德"的"私德",但在现代社会,随着"公共生活"与"私人生活"的相对分离,私人生活领域的"价值自由"便作为正式的要求被提出并获得了承认,现代人相信,个人在"公共生活"中作为"公民"必须接受法律和公共价值的约束,不应该妨碍和损害他人的利益,但是,在"私人生活领域",个人坚持何种价值信念,信任何种价值,执着于何种价值追求,完全属于他的私人事务。更进一步,关于人生意义、人生目的和人生价值的问题都完全属于私人的信仰,人生的终极意义完全属于个人的良知决断,在此领域个人拥有完全的"治权",他是自己的"立法者",社会不应该用一种强制性的手段来要求人们拥有某种人生价值,就像德沃金所指出的,现代社会最重要的特质便是所谓"中立性"原则。根据这一原则,政府应在公民的"终极价值"问题上保持中立,它不应该偏袒任何一种人生观和人生理想,更不应该把某种人生价值信念强加在个人身上④。否定这一点,将被认为既是对"个人自由"的

---

① 参见王南湜《从领域合一到领域分离》,太原:山西教育出版社,1998年,第164页。
② [英]约翰·密尔:《论自由》,许宝骙译,北京:商务印书馆,1979年,第10页。
③ [美]麦金泰尔:《德性之后》,龚群译,北京:中国社会科学出版社,1995年,第257页。
④ See Ronald Dworkin, Liberalism, Stuart Hampshire, *Public and Private Moraltiy*, Cambridge: Cambridge University Press, 1978, pp. 114—143.

威胁,又是对"社会正义"的损害。可见,在现代社会,那种"公私不分"、宰制一切的价值已失去存在空间,取而代之的是"公德"与"私德"的分离以及终极价值的"私人化"。

通过以上的分析,我们可以看出,"伦理共识"的命运始终与人的生存样式和社会结构的性质及其变动内在地联系在一起。正是随着现代人生存样式的变动及现代社会结构的分化,价值观的存在样式也才发生了巨大的变化,那种未分化的、同质性的、统治着社会生活各领域的统一性价值已全然失去存在的土壤和空间。相反,价值的"领域分化"、价值的"公私分离"以及终极价值的"私人化"构成了现代社会价值的根本特征,离开人的生存方式的变化及与此内在相关的社会结构的转换,"伦理共识"的历史命运将根本无法得到真正的理解。

二、人的生命的"解放"和"束缚"——"价值分化"的辩证意义

"价值的分化"既是现代人生存方式变迁和现代社会结构演变的产物,同时又对现代人的生活具有辩证的反作用。这种反作用是双重的,它既使人的生命从束缚中"解放"出来,又使人的生命陷入了新的束缚,既有积极的一面,又蕴含着严重的后果。

首先,"价值的分化"有力地促进了社会生活诸领域从僵化的、强制性的价值规范中解放出来,实现其各自独立自主的发展,从而对人的生存发展具有重大的推动作用。如前所述,传统社会的结构决定了价值具有"一致性""唯一性"和"强制性"等特点,它常与政治权力结合在一起,要求对社会生活的每一个领域都拥有绝对的控制权,不允许其中任何一个领域从中脱离出来,形成自主的价值,获得自主的发展空间。与此相反,"价值的分化"则意味着那种总揽一切、无所不在的强制性价值失去了对社会生活诸领域的控制力,社会生活的各领域从此就可以摆脱其束缚,走上"自我立法"的自主发展道路,而这一点,对于整个社会从低级到高级、从传统到现代的进化是极为重要的。在此意义上,对于社会生活各领域的自主发展和社会的整体进步,"价值的分化"无疑是一种巨大的解放力量。

更重要的是,"价值的分化"还为培养个体独立的人格提供了极为重要的条件,有力地推动了个人生活获得前所未有的自由空间。如前所述,在传统社会,整个社会的价值一致性(伦理共识)是不容置疑的,但这种一致性的获得,是通过外在的强制性力量,而不是通过个体的良知决断和自觉选择来予以保证的。可以说,在传统社会,只存在共同体的强制性价值规范,而根本不存在个人的价值选择,在所有规范后面,都深深地贯注着共同体的权力意志。很显然,处于这种"伦理共识"的统治之下,根本谈不上独立的个体人格和自主的精神生活。

在此意义上,价值观的"公私分离"与终极价值的"私人化"使个人从"集体意识"的绝对统治中摆脱出来,获得了一个自主、自律和自由的精神空间,它们表明,只要一个人遵守公共领域的"公德"和"法律",在私人生活的领地,他"拥有按照我们自己的道路去追求我们自己的好处的自由"(密尔语),拥有"和平地享受他自己的独立性"的空间(康斯坦特语)。应承认,这一点对于保障个人的自由和促进个体人格的独立都具有不可低估的积极意义。

然而,如同一个铜板的两面,"价值的分化"在产生上述积极作用的同时,也导致了诸多负面后果,在这些负面后果中,最重要的无疑就是使"伦理共识"陷入了空前的困境。首先,价值的"领域分化"使社会生活诸领域都形成了各自独立的价值原则,从而使超越领域界限、贯通不同领域的"伦理共识"变得极为困难。我们已经指出,现代社会结构的领域分化已使整个社会具有分立和多元原则支配的性质。社会生活诸领域都分别拥有各自的价值原则,并遵循这些原则去生成和发展自身。这些原则在内容和表现上是各不相同的,甚至有可能是互相摩擦和矛盾的(丹尼尔·贝尔指出,在现代资本主义社会,由于政治、经济和文化诸领域遵循各不相同的价值原则运行,已导致了三者间根本性的对立冲突)。在此情势下,那种试图用某种绝对的、普遍的价值原则来统领整个社会生活的做法,与已经"自成体系""自成目的"的社会生活各领域必然是格格不入的,那种企图超越于各领域之上的"堂皇的价值叙事"已完全失去

了存在的可能,取而代之的只能是一些分散在各领域之中的"局部的价值叙事"。很显然,既然只有"局部叙事",再也没有"堂皇的元叙事",那么,那种能够沟通各领域的、一致性的"伦理共识"便变得不可能,整个社会便失去了价值的统一性。

其次,价值的"公私分化"与终极价值信念的"私人化"将使"个体崇拜"达到登峰造极的地步,从而使"伦理共识"变得十分困难。前面已指出,现代社会是一个张扬个性、彰显自我的社会。个性解放的重大历史意义应予以充分肯定,但它的极端发展也产生了许多内在的困境。如果说在传统社会,个人完全屈从于抽象共同体的统治,那么,现代社会却走向另一极端,"在'市场社会'中,社会结合的各种形式,对个人说来,才只是达到他私人目的的手段,才是外在的必然性",从而再一次使个人与社会处于抽象对立之中。

在个体主义走向极端的这一过程中,价值观的"公私分化"与终极价值信念的"私人化"充任了重要的角色。它主张,在"私人生活领域",价值信念的确定完全取决于"自我"的良知决断,在此,个人乃是一个没有任何社会规定性的、没有任何必然的社会内容和社会身份的"自我",从这种"自我"出发,一切价值判断都是"个人意志"的产物,完全是取决于"自我"的个人主观"偏好",一个人接受这种价值信念而拒斥另一种,其最后根据和最高权威完全是他自身,就像德拉·米兰多拉曾借上帝之口雄辩地阐述过的,"你……是你自身的雕塑者和创造者;你可以堕落成为野兽,也可以再生如神明"①。

当主观的"自我"成为价值唯一的立法者时,其结果是显然的,那就是任何个人之外的非个人的、具有普遍性和客观性的价值权威将完全失去存在的合法性,任何普遍性的价值规范都将被视为与个人自由相敌对而失去存在的空间,就像麦金泰尔在论述当代价值危机的实质时所说的,"道德行为者从传统道德的外在权威中解放出来的代价是,新的自律行为者的任何所谓的道德言辞都失去了全部权威性内容。各个道德行为者可以不受外在神的律法、自然目的论或等级制度的权威的约束来表达自己的主张……"②,个人之间"伦理共识"成为一个不切实际的目标而被完全抛至脑后。

价值的"领域分化"使得超越社会生活诸领域的普遍的"伦理共识"变得极为困难,价值的"公私分化"和终极价值的"私人化"又使个体之间的价值共契成为难题。这两点清楚地表明,价值观已完全失去了统一性,或者说,一种统一的价值评价和意义知识的约束已不复存在,价值信念的存在样式已不可能是大全式、整全式的,而只能是局部性、游离性和原子性的,价值的分裂和价值意义的歧义已成为无可避免的客观事实。

对于这一事实,马克思在《共产党宣言》中曾有过十分精彩的论述:"当基督教思想在18世纪被启蒙思想击败的时候,封建社会正在同当时革命的资产阶级进行殊死的斗争。信仰自由和宗教自由的思想,不过表明自由竞争在信仰领域占统治地位罢了。"③"信仰领域的自由竞争",马克思的这一论述生动地说明了由于"价值的分化"以及由此所导致的价值的冲突和矛盾状况。另一位杰出的社会理论家马克斯·韦伯也用几乎相似的论述表达了同一事实:"这里有不同的神在无休止地相互争斗,那些古老的神,魔力已逝,于是以非人格力量的形式,又从坟墓中站了起来,既对我们的生活施威,同时他们之间也再度陷入了无休止的争斗之中。……这就是我们的文化命运。"④韦伯用"诸神争斗""诸神失和"来描述现代社会普遍的、一致的价值标准丧失的现实,与马克思"信仰领域的自由竞争"的论述可谓异曲同工,二者着眼的角度各不相同,但有着同样的所指,即由于价值的领域分化和价值观的私人化,整个社会的"伦理共识"陷入了困境。

通过以上论述,我们可以看出,"价值分化"给现代人的生活所带来的后果是双重的,一方面它使人

---

① 转引自[英]史蒂文·卢克斯《个人主义:分析与批判》,朱红文、孔德龙译,北京:中国广播电视出版社,1993年,第57页。
② [美]麦金泰尔:《德性之后》,龚群译,北京:中国社会科学出版社,1995年,第87页。
③ 《马克思恩格斯选集(第1卷)》,北京:人民出版社,2012年,第420页。
④ [德]马克斯·韦伯:《学术与政治》,冯克利译,北京:生活·读书·新知三联书店,1998年,第40—41页。

们从传统外在的、强制性的价值权威中解放出来,推动人获得了前所未有的独立和自由;另一方面又使人们陷入了"伦理共识"的困境,使"伦理共识"成为现代人难以企及的一个幻影。这表明,"价值的分化"在给现代人带来解放的同时,也给现代人带来了新的束缚,而且这种"解放"和"束缚"是一体的两面。要实现"伦理共识"的当代重建,清楚地了解这种辩证意义,具有前提性的重大意义。

三、人的生命存在及其历史发展的辩证领悟和"伦理共识"重建必须处理的基本矛盾

"伦理共识"的重建已成为摆在人们面前的一个重大理论和现实课题。从以上分析我们清楚地看出,"伦理共识"不是一个单纯从观念主义立场出发即可把握的课题,而是始终与人们的生存方式内在联系在一起,它既是人们生存方式变动的产物,同时又对现代人的生存方式产生着双重的效应。因此,要实现"伦理共识"的当代重建,也同样不能从观念主义的立场出发,而应该立足于对人们生命存在和发展方式的辩证领悟的基础之上。

要实现"伦理共识"的当代重建,一个重大前提是对伦理共识与人的生存发展之间的关系有着自觉的反思。从理论和现实角度考察,二者之间有可能形成如下三种关系:第一,"伦理共识"成为压制人的生命的外在束缚,从而导致人的生命的"硬化";第二,"伦理共识"的崩塌使人的生命失去必要的约束,从而导致人的生命的"软化";第三,"伦理共识"与人的生命保持内在的和谐,成为内在于人的生命并促进人的发展、提升人的生命质量的真实力量。

立足于人类的自我生成历史,与上述第一种情况相适应的正是人类的前现代社会。正如我们在前面指出过的,在此阶段,人的生存状态是以"人的依赖关系"为本质特征的。就像黑格尔在《精神现象学》中描述过的,在此阶段,"伦理行为的内容必须是实体性的,换句话说,必须是整个的和普遍的;因而伦理行为所关涉的只能是整个的个体,或者说,只能是其本身是普遍物的那种个体"[①]。个体的生命完全屈从于共体,共体具有至高无上的绝对权威,整个社会结构处于"同质"和"未分化"的状态,在此种情况下,"价值"完全成为"共体"维护自身合法性和利益的工具,个人只有服从于共体,他才是有"价值"的,否则,他就要被排除在"价值"之外而成为整个社会的弃儿。黑格尔曾这样描述这种状况:"共体只能通过压制这种个别性精神来保持自己,而且,因为个别性精神是共体的本质环节,所以共体实际上也同时在制造个别性精神,因为它通过它自己所采取的高压态度就把个别性精神造成为一种敌对原则。"[②]这表明,在这种状态下,所谓"伦理共识"在实质上只不过是共体维护自己合法性、实现社会整合的工具,对于每一个生命个体而言,"伦理共识"意味着一种外在的、强制性的规范,它与个体的自由生命是相异化的,是个体生命必须放弃自身而无条件服从的异己力量。一句话,在此阶段,"伦理共识"与人的个体生命处于敌对状态之中。

与上述第二种情况相适应的很显然是我们在前面着重分析的现代社会阶段。在此阶段,现代人生存方式与现代社会结构的转型,导致了"价值的分化"并由此使"伦理共识"成为一个问题。在前面的分析中,我们已经看到,对于人的生命发展来说,"价值的分化"所带来的效应是双重和辩证的:一方面,它使个体生命从前现代社会"硬性"的"伦理共识"的强制性束缚中摆脱出来,获得了前所未有的生命自由空间,个体独立的人格因此而得以确立;另一方面,它又导致了价值观的完全私人化和个人化,从而使个人的生命失去了一切必要的普遍性和公共性的约束,诚如黑格尔所言,这种完全生活在"公共性的丧失"的个体只能是"偶然性的个人","个人法权也既没有结合于一般个体的一种更为丰富或更强有力的特定存在,又没有结合于一个普遍的活的精神"[③],"当初管制它并把它约束在自己的统一体性里的那个精神已经瓦解,已不复

---

① [德]黑格尔:《精神现象学(下卷)》,贺麟、王玖兴译,北京:商务印书馆,1996年,第9页。
② [德]黑格尔:《精神现象学(下卷)》,贺麟、王玖兴译,北京:商务印书馆,1996年,第31页。
③ [德]黑格尔:《精神现象学(下卷)》,贺麟、王玖兴译,北京:商务印书馆,1996年,第34页。

存在了。——因此个人的这种空虚的一,就其实在性而言,乃是一种偶然的特定存在,一种无本质的运动与行动,它不会有持续存在的"①。完全丧失公共性约束,失去"伦理共识"规范,使个体间的意义共契瓦解,社会的公共生活所需要的价值缺位,个体生命将因此成为孑然一身的"孤家寡人"而无所安顿。

以上是"伦理共识"已经历过的两个历史阶段。可以看出,在这两个阶段,"伦理共识"与人的生命发展之间始终存在着一种深层次的内在矛盾,在前现代社会,"伦理共识"由于其"一元性""绝对性"强制的"公共性"等特性而成为个体生命自由的异在力量,而在现代社会,"伦理共识"则因为其无约束的"多元性""相对性"和"私人性"而使个体生命成为离散性、随机性的"偶然存在",两个阶段虽然表现特点各不相同,但有一点是共同的,即"伦理共识"始终与人的生命处于外在疏离状态。

上述"伦理共识"的历史命运及其在不同阶段的"伦理共识"与人的生命的不同性质的关系,给"伦理共识"的当代重建提供了深刻的启示。它启示人们,要真正实现"伦理共识"的重建,首先必须避免回到前现代社会那种"伦理共识"与人的生命相敌对的状态,那种一元性、绝对性和强制的公共性因而与人的生命相异化的"伦理共识"必须予以扬弃和否定,倘若"伦理共识"的重建意味着恢复前现代社会的这种硬性约束的他律的"伦理共识",那么这种"重建"就只能是一种可悲的倒退。与此同时,也必须超越现代社会所带来的那种"伦理共识"完全"缺席"的状态,给"多元性""私人性"和"相对性"的价值予以必要的约束,从而避免人的生命因伦理共识的完全丧失而陷入"无政府主义"的幽谷。也就是说,我们必须避免两种极端的倾向,一是"保守主义",即把"伦理共识"的重建解释为回到前现代社会那种价值成为专制力量的状态;一是"无政府主义",把"伦理共识"的重建理解为一种毫无意义的多余工作。

这充分表明,"伦理共识"的当代重建必须建立在对人的生命存在及其历史发展的辩证领悟基础之上,人的生命在经历了与"伦理共识"的外在异化以及对"伦理共识"的抽象否弃之后,进一步的任务应该是寻求与"伦理共识"达成相对的和谐,保持必要的张力。只有当"伦理共识"建立在人的生命自由的基础上,"伦理共识"的重建才是有根基的。

从对人的生命存在及其历史发展的辩证领悟出发,可以看到:要实现伦理共识的当代重建,以一种辩证的方式处理与人的生命发展内在相关的如下三重矛盾关系,具有至关重要的意义。

首先,是私人性与公共性、个性与共性之间的辩证关系。

在上面的分析中,我们已经指出,价值的"领域分化"、价值的"公私分化"以及终极价值信念的"私人化"都是现代人生存方式和现代社会结构变化的产物,它们对于促进个体人格的独立曾产生过重大作用,因而在历史上的积极意义是不容否认的。就此而言,进行"伦理共识"的当代重建,必须充分吸收这历史发展的重大成果,而不应该倒退到前现代社会价值的"同质性"和"未分化"状态中去。与此同时,我们也看到,"价值的分化"又使"伦理共识"成为难题,如果完全局限于个体性、局部性、领域性的价值,局限于个体"私人性"的良知决断,又会使"伦理共识"付之阙如,从而难以满足当代人的现实需要。这样,在"私人性"与"公共性"、"个性"与"共性"之间便形成一对基本的矛盾,要解决"伦理共识"的当代重建问题,必须寻找和创造一种既能保持价值的"领域性"和"私人性"空间,同时又能使这种"领域性"和"私人性"保持开放态势、避免自我封闭的辩证中介,以一种知性的方式,片面地强调其中任何一方面,都只会使"伦理共识"的重建陷入困境。

其次,是"一"与"多"、"相对"与"绝对"的矛盾关系。

在前面已经指出,现代人生存方式和现代社会结构的分化所导致的"价值分化"意味着价值的"多样化"和"相对化",而"伦理共识"的重建则意味着追求价值的统一性和一致性。过度的多样化与相对化必然陷入"无约束的多元论",从而使一切"伦理共识"成为不可能,但过度的统一性和一致性又有可能使"共识"成为压制个性和差别、束缚生命自由、绝对的、独断性的力量,从而阻抑社会生活各领域的自主发

---

① [德]黑格尔:《精神现象学(下卷)》,贺麟、王玖兴译,北京:商务印书馆,1996年,第35页。

展和个体人格的独立(正如传统社会的情形一样)。因此,在这里同样必须克服非此即彼的思维方式,并在"一"与"多"、"相对"与"绝对"的矛盾关系寻找到一种必要的张力和平衡,否则,如果以一种知性的方式割裂二者的辩证关系,"伦理共识"的重建就有可能或者重新成为压制人的专断性力量,或者成为完全不可能实现的乌托邦。

最后,便是现实性与理想性、经验性与先验性之间的矛盾关系。

正如我们在前面所指出的,"价值的分化"以及由此导致的"伦理共识"危机是当代人类所面临的一个"现实",与此相比,"伦理共识"的重建无疑是一个需要人们努力去实现的"理想"。但是,这一"理想"不应该脱离"现实"而由外在强加,而应该以现实为基础并从现实中"内生"出来,如果它完全与现实相脱离,并成为一种居高临下地要求现实与之相适应的外在的先验性规范,那么,这种"伦理共识"就有可能成为一种强制性、与现实生活相敌对的"乌托邦"。因此,在现实与理想、经验与先验之间实现一种辩证的平衡,对于"伦理共识"的重建同样是十分重要的。倘若以一种知性的方式割裂现实性与理想性、经验性与先验性之间的辩证关系,"伦理共识"的重建也成为一个难以实现的目标。

以上,我们阐明了要实现"伦理共识"的当代重建,必须处理好"个性"与"共性"("私人性"与"公共性")、"一"与"多"("相对"与"绝对")以及"现实性"与"理想性"("经验性"与"先验性")等之间的内在矛盾关系。立足于人特殊的生命存在方式来理解上述矛盾关系,我们会发现,所有这些都是内在于人的生命存在之中并构成人的生命内在环节的矛盾关系。人的生命不是线性的、单一的存在,而是由多重矛盾关系所构成的否定性统一体,个性与共性、相对与绝对、现实性与理想性都是具体的、完整的人的生命的内在环节,真理不存在于其中任何一方,而存在于这些矛盾关系的否定性统一之中。任何对这些矛盾关系的割裂,都意味着人的生命的抽象化。在历史上,人的生命的这些内在环节都是以一种片面的、知性的和抽象的方式体现出来的,在前现代社会,共性、绝对性和一元性的一面得到了抽象和片面的表现,而在现代社会,个性、相对性和多元性的一面得到了抽象和片面的表现,这二者都是对人的生命的知性割裂,并因此导致了人的真实生命的失落。今天要实现伦理共识的当代重建,我们决不能企求回到前现代社会那种依靠强制性的"集体意识"来维持"伦理共识"的状态,也不能无视"价值分化"的极端发展所造成的"伦理共识"困境,而应该超越这二者的知性对立,在一个更高的立场上来寻求人的生命内在矛盾关系的重新整合,使"伦理共识"真正成为内在于人的生命并推动人的生命发展的真实力量。

四、生存方式的重建与伦理共识的重构

面对上述"个性"与"共性"("私人性"与"公共性")、"一"与"多"("相对"与"绝对")以及"现实性"与"理想性"("经验性"与"先验性")等之间的内在矛盾关系,我们如何重建伦理共识?在此问题上,自由主义、保守主义与马克思哲学提供了有着重大原则差异的回答。

在"自由主义者"看来,这是无法,也毋须完成的任务,价值个体主义是现代人必须接受的命运,企图逃避这一命运,去人为地寻求所谓道德共契,其结果必然产生种种以"共识"之名出现的虚假偶像,并对个人自由造成损害。

马克斯·韦伯最典型地表达了这一立场。在他看来,世界的理性化以及由这种理性化所导致的"世界的祛魅",决定性地使现代社会成为一个再没有先知,也没有"神"的世界,因而不可能再有人来告诉人应如何生活,"你侍奉这个神,如果你决定赞成这一立场,你必得罪所有其他的神"[①],价值的"多神化"与"诸神的争斗"是现代人所必须接受的"时代命运",它"以不可抗拒的力量决定着降生于这一机制之中的每一个人的生活……也许这种决定性作用会一直持续到人类烧光最后一吨煤的时刻"[②]。

---

① [德]马克斯·韦伯:《学术与政治》,冯克利译,北京:生活·读书·新知三联书店,1998年,第40—41页。
② [德]马克斯·韦伯:《新教伦理与资本主义精神》,于晓、陈维纲等译,北京:生活·读书·新知三联书店,1987年,第142页。

在此情势中，人们所应做的就是直面这种命运，自觉放弃寻求超个体的"道德共识"的奢望，既不自欺欺人，也不怨天尤人，而是自觉接受：既然没有神定的秩序给我提供意义，那么，就让自己赋予生活以意义，一旦做出决断，就不计成败利弊，以虔诚的、超功利的态度献身于这种信仰，并为行动的结果勇敢地承担起责任。譬如一个政治家，如果他选择了某种政治信念，那么，他必须"意识到对自己行为后果的责任，真正发自内心地感受着这一责任。然后他遵照责任伦理采取行动，在一定的时候，他说：'这就是我的立场，我只能如此'。这才是真正符合人性的、令人感动的表现……才构成一个真正的人——一个能够担当'政治使命'的人"①。不依赖幻想，不惧希望的破灭，直面现实去追求现世有限的理想。这就是韦伯著名的"责任伦理"思想。

因此，道德价值的多样、冲突与矛盾是不可调和的，这一点构成了现代人特殊的价值处境，现代人必须接受"多神主义"的命运，而不可违逆这一处境去徒劳追求所谓的"价值共识"。人们经常寻求并服膺于自命"先知"者所兜售的普遍性、客观性的"价值乌托邦"，以克服价值个体主义带来的心灵焦虑，这样做的结果将使一个人失去其人格和自由意志，从而给人的生存带来灾难性的后果。在一个没有"先知"的世界上，我们必须对种种虚假的偶像保持高度的警觉。

麦金泰尔曾指出，现代以来占据统治地位的世界观在很大程度上是韦伯的世界观②，从伯林到哈耶克，从波普尔到诺齐克的自由主义者，无不是这一世界观的支持者和阐发者，其共同之处在于把个人自由置于最优先的地位，对一切可能影响个人自由的"整体主义"倾向，包括"道德共识"在内，都保持高度的警惕并采取拒斥态度。

然而，仅有"个人自由"就够了吗？一种没有道德共契的社会能够存在下去吗？带着这种深深的不安，在自由主义立场之外出现了另一种声音，强调必须遏止激进个人主义对社会生活的威胁，为现代社会的生活世界找到正当的道德秩序，克服现代世界形成的精神紊乱，因此必须在个人自由与道德共契之间寻找到某种中介，并以之为基础，来弥合二者的鸿沟，而这种"中介"，最重要的就是"社团""社群"和"宗教"。对此立场，本文以"保守主义"命名之。

"社团"具有抑制价值个体主义的重要作用。托克维尔指出，"在社团中，承认个人的独立，每个人就象在社会里一样，同时朝着一个目标前进，但并非都要循着同一条路走不可。没有人放弃自己的意志和理性，但要用自己的意志和理性去成就共同的事业"③。迪尔凯姆认为，一种有力的"法人社团"或"职业团体""之所以认为它是必不可少的，并不在于它促进了经济的发展，而在于它对道德所产生的切实影响，它遏止了个人利己主义的膨胀，培植了劳动者对团结互助的极大热情，防止了工业和商业关系中强权法则的肆意横行"④。"社团"是个人自由结合的产物，同时又超出了个人，提供了一致共享的道德秩序和道德力量，从而使在个人自由与道德共契之间实现了一种平衡。

现代社群主义者更进一步把"社群"作为克服"道德个体主义"的途径。"社群主义本体论即是，我们首先是一种社会生物，汲汲于在俗世中实现某种生活形式……一个人的道德立场必须与其社群主义本体论一致"⑤，一个人只有在"社群"中才可能界定自己，才能回答"你是谁"的问题，它为个人"提供了一个有意义的思考、行动和判断的背景性的框架"，"一个人割断与他置身其中的社群的联系，其代价是，他陷入严重迷失方向的状态，在许多重要问题上不能表示立场"⑥。因此，道德个体主义关于人的本性和存在方式的预设是错误的，它所承诺的脱离社会规定的"无标准的自我"是根本不存在的。道德的真实

---

① [德]马克斯·韦伯：《学术与政治》，冯克利译，北京：生活·读书·新知三联书店，1998年，第116页。
② 参见[美]麦金泰尔《德性之后》，龚群、戴扬毅等译，北京：中国社会科学出版社，1995年，第137页。
③ [法]托克维尔：《论美国的民主(上)》，董果良译，北京：商务印书馆，1988年，第220—221页。
④ [法]迪尔凯姆：《社会分工论》，渠东译，北京：生活·读书·新知三联书店，2000年，第22页。
⑤ [美]丹尼尔·贝尔：《社群主义及其批评者》，李琨译，北京：生活·读书·新知三联书店，2002年，第84页。
⑥ [美]丹尼尔·贝尔：《社群主义及其批评者》，李琨译，北京：生活·读书·新知三联书店，2002年，第96页。

基础决不能是个体主观的良知决断,而只能是社群共同的善或共同的美德。

"宗教"被视为另一有效抑制价值个体主义的力量。托克维尔说道,"没有一个宗教不是叫每个人要对人类承担某些义务或与他人共同承担义务,要求每个人分出一定的时间去照顾他人,而不要完全自顾自己的,即使是最虚伪的和最危险的宗教,也莫不如此"①,"宗教通过尊重不与它对立的一切民主本能,并利用其中的一部分,便可以顺利地抵制它的最危险敌人即个人的独立意向"②。舍勒指出,重释基督教的"爱的共同体理念"或"爱的集体理念"是克服价值个体主义的有效途径,这一理念要求遵循一条"伟大的道德和宗教原则,叫做道德—宗教相互关系原则,或曰道德的责任共负原则",这一原则认为,"我们应该真切地感到,我们在任何人的任何过失上都负有责任;它还指出,即使我们不能直观地看到我们实际参与的尺度和规模,我们天生地在活生生的上帝面前,作为自身内责任共负的统一的整个道德领域为道德和宗教状态的兴衰共同负责"③。当代普世伦理的阐发者更把宗教视为建立世界伦理的途径,因为"宗教可以毫不含糊地解释:为什么道德、伦理价值和准则必须是无条件地(并且不仅在对于自己方便的时候)、因而普遍地(在所有的阶层、等级、种族)承担义务……只有绝对的东西本身才能无条件地使别人承担义务、只有绝对的东西才能绝对地约束别人"④。

可以看出,如果说自由主义立场是"现代性"鲜明的捍卫者,那么,保守主义立场则带着对"现代性"深深的不安和忧虑,一些代表人物甚至表现出浓厚的"前现代性"情结。前文已指出,当代社会对价值个体主义已提出了许多它难以回应的挑战,这一事实已证明自由主义立场存在着严重的不足;而保守主义固然看到了价值个体主义的弊端,但诉诸前现代性的社群或宗教共同体,是否就是超越价值个体主义、重构道德合理性的现实途径呢? 在马克思看来,无论是自由主义还是保守主义立场,都存在着重大的理论与现实困难,按照马克思哲学的观点,真正克服价值个体主义,重构伦理共识,关键在于确立一种理解问题的坚实可靠的基点,这种基点就是人的生存实践活动,"全部社会生活在本质上是实践的。凡是把理论引向神秘主义的神秘东西,都能在人的实践中以及对这种实践的理解中得到合理的解决"⑤。这即是说,人们的伦理生活在根本上具有"实践"性,伦理价值的内在根据在于人特定的生存样式,人的生存形态决定和支配着伦理价值形态,因此,要"治疗"伦理价值形态的"病症",真实的途径在于改变人的生存方式和生存形态。

马克思立足于历史性的生存实践活动,曾从总体上把人的发展归结于三种生存形态,在他看来,(1)自然发生的"人的依赖关系"是人最初的存在形态;(2)"以物的依赖性为基础的人的独立性"是第二种生存形态;(3)"建立在个人全面发展和他们共同的社会生产能力成为他们的社会财富这一基础上的自由个性,是第三个阶段"⑥。按照这一观点,在伦理价值个体主义背后起支撑作用的是"以物的依赖性为基础的人的独立性"这一生存样式。"当基督教思想在18世纪被启蒙思想击败的时候,封建社会正在同当时革命的资产阶级进行殊死的斗争。信仰自由和宗教自由的思想,不过表明自由竞争在信仰领域里占统治地位罢了"⑦,"信仰领域的自由竞争",马克思这一概括生动地表明,伦理价值个体主义在本质上不过是自由竞争的资本主义在信仰领域的反映和表现。这就提示我们,道德的合理性不仅是一个"理论问题",更重要的是一个"实践问题",只有超越价值样式所赖以奠基的人的生存样式并生成人的新的生存形态,伦理共识才有可能确立其真实的根基。

---

① [法]托克维尔:《论美国的民主(下)》,董果良译,北京:商务印书馆,1988年,第539—540页。
② [法]托克维尔:《论美国的民主(下)》,董果良译,北京:商务印书馆,1988年,第545页。
③ [德]马克斯·舍勒:《爱的秩序》,孙周兴等译,北京:北京师范大学出版社,2014年,第102—103页。
④ [瑞士]汉斯·昆:《世界伦理构想》,周艺译,北京:生活·读书·新知三联书店,2002年,第114—115页。
⑤ 《马克思恩格斯选集(第1卷)》,北京:人民出版社,2012年,第135—136页。
⑥ 《马克思恩格斯全集(第46卷上)》,北京:人民出版社,1980年,第104页。
⑦ 《马克思恩格斯选集(第1卷)》,北京:人民出版社,2012年,第420页。

按照马克思的思路,这种新的生存形态便是人的"自由个性形态",它意味着,"人"既不再是超越于个体之上的"共同体"的附属物,也不再是相互分裂的单子式的"孤独的个体",而是由人格独立的个体结合而成的"自由人的联合体"。这种"联合体"与前现代社会的"群体"或"共同体"不同,前者的个体是依附于共同体因而是没有独立性的,而后者则是以个体的独立性为前提条件,但这种独立的个体又处于与其他个体的一体性关系之中,每个人既是"独立的",同时也是"普遍的"。它一方面表明,"每个人的自由发展是一切人的自由发展的条件",同时又意味着,只有在"共同体中,个人才能获得全面发展其才能的手段"①。此时,"人是一个特殊的个体,并且正是他的特殊性使他成为一个个体,成为一个现实的、单个的社会存在物,同样地他也是总体、观念的总体、被思考和被感知的社会的主体的自为存在,正如他在现实中既作为社会存在的直观和现实享受而存在,又作为人的生命表现的总体而存在一样"②。个体性与群体性、特殊性与总体性、"小我"与"大我"在此实现了内在的统一,人真正成为一种类存在物:"人是类存在物,不仅因为人在实践上和理论上都把类——自身的类以及其他物的类——当做自己的对象;而且因为——这只是同一件事情的另一种说法——人把自身当做现有的、有生命的类来对待,当做普遍的因而也是自由的存在物来对待"③。

随着人的生存状态的上述变化,伦理价值形态也必然相应地会发生根本的变化,与之相适应的伦理价值形态既不可能是单纯个体主义的,也不可能是单纯整体主义的,而是从根本上超越了价值个体主义与价值整体主义的知性对立,确立起一种小我与大我、个体与类和谐一体的新型道德。这种道德所体现的是这样一种全新的境界:"它是人和自然界之间,人与人之间的矛盾的真正解决,是存在和本质、对象化和自我确证、自然和必然、个体和类之间的斗争的真正解决。"④

可见,马克思哲学对伦理共识问题的解决始终坚持如下基本原则:(1)生存实践原则,马克思不是停留在纯粹的观念层面,而是始终坚持生活实践原则,强调道德价值的深层根据在于人的生存方式,认为道德的变革必须以生存方式和生存状态的变革作为前提,道德合理性的重构必须以生存样式的重构为基础;(2)辩证原则,它要求在充分吸取历史发展既有成果的基础上采取一种"扬弃"的态度,一方面,它充分肯定价值个体主义取代价值整体主义对个体的发展所具有的重大历史意义,另一方面又强调必须面向未来,在"自由人联合体"的基础上超越价值个体主义;(3)人文性原则,马克思把道德置于人追求自由发展和自我解放的历史坐标中,认为道德不是外在于人的生命发展的外在力量,而是与人的自我生成之间具有一种深层的内在联结,强调应当把道德视为内在于人的自我实现过程并推动人走向自由解放的一种真实力量。

这些原则充分表明,与前述"自由主义"与"保守主义"立场相比,马克思哲学的立场表现出更为深广的历史视野。"自由主义"坚持"价值个体主义"不可超越,这一立场的根本缺陷在于把人的"个体本位"形态绝对化,视之为"历史的终结"而缺乏一种批判性的、面向未来的辩证眼光;"保守主义"虽然敏锐深刻地触及了"价值个体主义"的深层症结,但它诉诸前现代性的"社群"、宗教"共同体"等来解决道德合理性问题,表明它对价值个体主义对于个人自由和独立人格的形成所发挥的重大历史作用缺乏充分理解,对通过"共同体"来达成"道德共识"和"道德团结"所潜在的压制个人自由的危险缺乏足够的估价和自觉,这一点使得它除了具有对现代性道德的反省意义,不能对现代人的道德生活给予实际的指导。正是在此意义上,马克思所坚持的"生存实践""辩证性"与"人文性"等基本原则,对于解决现代社会的伦理共识困境,具有重大的启示性。

---

① 《马克思恩格斯选集(第1卷)》,北京:人民出版社,2012年,第294页。
② 《马克思恩格斯全集(第42卷)》,北京:人民出版社,1979年,第123页。
③ 《马克思恩格斯全集(第42卷)》,北京:人民出版社,1979年,第95页。
④ 《马克思恩格斯全集(第42卷)》,北京:人民出版社,1979年,第120页。

我们该如何待人？

——"以直报怨"还是"爱仇敌"？

潘小慧[*]

（台湾辅仁大学 哲学系，台湾 新北 24205）

> **摘　要**：儒家哲学擅长处理与关注人际间的合理对待，对于一般人的对待原则，简言之就是"爱"，就是"爱人"，并以此推扩至非人存有。孟子的"君子之于物也，爱之而弗仁；于民也，仁之而弗亲。亲亲而仁民，仁民而爱物"一段，可以说是原则性的概括。至于特殊的人，例如"怨"者、仇敌该如何对待，孔子提出"以直报怨"的原则，本文聚焦于此，并与基督宗教"爱仇敌"的观点进行对比讨论，探究是否可以达成某种伦理共识。
>
> **关键词**：儒家；善；亲亲；仁民；爱物；以直报怨；以德报德；基督宗教；爱仇敌

一、前言

一般对儒家哲学的印象，是关注人伦日用的生活学问，这大抵不错。学者傅佩荣曾原创性地将儒家的"善"界说为"人与人之间适当关系的实现"[①]或"两个主体之间适当关系之满全"[②]。儒家哲学虽关注人与人之间的人伦关系，但若将儒家的"善"局限于人伦之间则太狭隘，既不合于经典也不合理，故笔者补充以为：

> 儒学藉由"人与诸存有之间适当关系的实现或满全"（此即"德行"）来表现善。人与诸存有包括：人与自己、人与他人、人与物、人与自然、人与神圣（天或上帝）。人从来不是孤立的存有，个人不是，人类这个类群体也不是；人不仅与自己，他人之类的"人之存有"有关系，人也与"非人存有"有密切关系。非人存有包括物（物质物、无生物，甚至包括人类所创造出的诸物质与精神文明）、自然（植物、动物以及万物所赖以为生的大地），还包括人类本性所自然向往的超越面向——亦即神圣的存有（天、梵天、道、神、上帝或造物主）[③]。

《大学》里提到的所谓"格物、致知、诚意、正心、修身、齐家、治国及平天下"八条目，以及《中庸·22章》的一段文字"唯天下至诚，为能尽其性；能尽其性，则能尽人之性；能尽人之性，则能尽物之性；能尽物之性，则可以赞天地之化育；可以赞天地之化育，则可以与天地参矣"等，都间接指出原始儒家从内而外，由自己/自我而至他者，且是多元他者——他/她/牠/它/祂，故为一段自我不断扩展完成的历程。也因此，儒家的伦理关系涉及人与自己（慎独）、人与他人（五伦、仁民）、人与物（爱物）、人与自然（强本而节用、养备而动时，上下与天地同流）、人与神圣（尽心知性知天，存心养性事天、天人合德）的各种伦常关系，周延且立体观照到人文、自然、神圣等各个面向[④]。"善"的意义不仅适用于"人

---

[*] 作者简介：潘小慧，台湾辅仁大学哲学系教授，研究方向：托马斯哲学、儒家哲学、儿童哲学。
[①] 傅佩荣于多篇文章、书籍均提及此定义，现列举一二：傅佩荣、林安梧：《人性'善向'论与人性'向善'论——关于先秦儒家人性论的论辩》，《鹅湖》1993年第2期；傅佩荣：《解析孔子的"善"概念》，《哲学杂志》1998年第23期。
[②] 傅佩荣：《儒家哲学新论》，台北：业强，1993年，第148页。
[③] 潘小慧：《迈向整全的人：儒家的人观》，《应用心理研究》2001第9期。
[④] 参看潘小慧《迈向整全的人：儒家的人观》，《应用心理研究》2001年第9期。

与人之间适当关系的实现"或"两个主体之间适当关系之满全",也应适用于人与其他"非人存有",尤其适用于"人与神圣"的关系,也就是儒家的"天人合德"的崇高理想①。

那么,儒家哲学对于各种或各级的存有,到底有没有不同的对待原则?具体而言,儒家对于不同的人——跟主体"我"不同亲疏或不同关系的人,有没有不同的对待原则?除了人之存有以外,对于非人存有,例如动物、植物、无生物等,甚至是超越人世间的"天""神"和"鬼",有没有不同的对待原则?这是本文的问题意识,碍于篇幅所限,特别聚焦于特殊的人之存有,亦即"怨"者、仇敌的讨论上,并与基督宗教的观点对比讨论。

二、儒家对于人与非人之存有的基本原则——爱人、亲亲而仁民、仁民而爱物

儒家哲学擅长处理与关注人际间的合理对待,对于一般人的对待原则是什么?简单来说,就是"爱",就是"爱人"。

例如孔子的思想若以一个概念来涵盖的话,绝大多数学者都有的共识就是"仁"。《论语》记载,孔子回答弟子樊迟两度问"仁",其中一次答案是"爱人"②。孔子用"仁"字,意义不一,其中最底基的意义为"仁者,人也"③,即"仁"是人之所以为人者之本质;第二义才是"爱人"。孟子发扬孔子的"仁学"思想,除了从"人学"角度讲"仁也者,人也"④外,也进一步从"仁,人心也"⑤的内在心性角度探索"仁",于是言"恻隐之心,仁之端也"⑥,这是孟子的特殊视角,不同于荀子,也不同于孔子。孟子也直言"仁者爱人"⑦,这点与孔子同;孟子又进一步发挥,言"仁者无不爱也"⑧"仁者及其所爱及其所不爱"⑨,这是孔子"仁爱"思想的扩展与深化。首先,"仁者,无不爱也",将爱的对象扩展到所有人、每一个人(甚至每一个动物、植物、矿物和事物),无一例外,何其伟大的儒者胸怀;其次,"仁者以其所爱,及其所不爱",将原本爱的对象(有血缘的、可爱的、亲密的、对我好的、施恩予我的……)"推及"到原本不爱的对象(无血缘的、陌生的、不可爱的、不亲密的、对我并不好的、未施恩予我的……),这太困难了,简直是圣人才做得到的境界。

荀子也讲"仁,爱也,故亲"⑩"仁者爱人"⑪;《中庸·20章》亦言"仁者,人也,亲亲为大"。以至汉儒董仲舒、许慎、郑玄、阮元、唐儒韩愈、宋儒朱熹等后代学者,亦多以"爱"释"仁"。其中,许慎在《说文解字》中从文字学的角度解释"仁"字,他说:"仁,亲也。从人从二。"从人从二,犹言从二人,也就是说,"仁"要从人与人的关系上表见。于是,后世儒家就习以"仁爱"二字连用。

关于仁爱的或爱人的具体实践,由于人是在家庭中生活、成长,与家人的关系最初、最深,也最久,故当自与父母双亲(亲亲)、手足的关系开始,也就是自亲亲为大的"孝"以及兄弟姊妹的手足之"悌"开始,人之存有最原初的爱是爱父母(含祖父母等)、爱手足。随着成长,扩大生活范围,有了朋友、爱人或配偶、工作职场的上司,这就是孟子所谓的"人伦"⑫,有了五种基本的伦常关系。

---

① 潘小慧:《"善"的意义与价值——以孔孟哲学为例》,《哲学与文化月刊》2002年第1期。
② 杨伯峻译注:《论语译注》,北京:中华书局,2006年,第146页。
③ (宋)朱熹撰:《四书章句集注·中庸集注》,北京:中华书局,2010年,第30页。
④ 杨伯峻译注:《孟子译注》,北京:中华书局,2008年,第259页。
⑤ 杨伯峻译注:《孟子译注》,北京:中华书局,2008年,第206页。
⑥ 杨伯峻译注:《孟子译注》,北京:中华书局,2008年,第59页。
⑦ 杨伯峻译注:《孟子译注》,北京:中华书局,2008年,第152页。
⑧ 杨伯峻译注:《孟子译注》,北京:中华书局,2008年,第252页。
⑨ 杨伯峻译注:《孟子译注》,北京:中华书局,2008年,第254页。
⑩ 王先谦撰,沈啸寰、王星贤整理:《荀子集解》,北京:中华书局,2012年,第475页。
⑪ 王先谦撰,沈啸寰、王星贤整理:《荀子集解》,北京:中华书局,2012年,第274页。
⑫ 杨伯峻译注:《孟子译注》,北京:中华书局,2008年,第94页;"圣人有忧之,使契为司徒,教以人伦:父子有亲,君臣有义,夫妇有别,长幼有序,朋友有信。"

孟子说得好："君子之于物也，爱之而弗仁；于民也，仁之而弗亲。亲亲而仁民，仁民而爱物。"①宋儒张载也有类似之言"民吾同胞，物吾与也"②。因此，儒家对于各级存有的基本对待原则，就可以用孟子的"亲亲而仁民，仁民而爱物"概括。这里，孟子将君子用情作了"亲""仁""爱"的区分："爱"是最浮泛的对万物、禽兽草木的态度，可以说是君子人格对外物所自然呈现的一种爱护之情，但还不及"仁"；"仁"是在上位的君子对待人民百姓的态度，但还不及"亲"；"亲"是君子对待父母双亲（也有人扩大解释为"亲人"）最自然也最基本的情感流露。君子用情的次序也就有"亲""仁""爱"的区分。此处，"亲""仁""爱"字词的区分不是重点，基本上三者可统称为"仁爱"。此处的重点在于强调：第一，君子其仁爱之心的范围包含有血缘的亲人、无亲缘的人民百姓和非人存有禽兽草木等万物，此观点与孔子言"泛爱众，而亲仁"相通；第二，君子实践其仁爱不是漫无目的、无秩序的，君子实有其次序，"亲亲""仁民""爱物"就是基本的秩序。于是更进一层，对比指出"仁者以其所爱及其所不爱，不仁者以其所不爱及其所爱"③。仁者（仁爱之人/现象）与不仁者（不仁爱之人/现象）的区别即在于用心与行事的全然背反：仁者可以"推扩"其爱亲之心及于其原本不爱的他人身上，这是多么美好的推己及人的表现。而不仁者却是变本加厉地将他加在不爱的人身上的坏心推到他原本喜爱的人身上，这是多么令人感到悲哀的事。因此，孟子严厉批判梁惠王"不仁哉"④。

必须注意的是，儒家所言的"推扩"，不论是孔子所言的"己立立人、己达达人"的"推"，或是孟子"以其所爱及其所不爱"的"推爱"，都强调在行动上要"推"，而非仅是口说而已，或以能力不足为借口仅在行动上爱到自己的家人为止。儒家强调"爱有差等"的仁爱，反对"无父""无君"的墨家，固然与墨家强调"兼以易别"⑤的兼爱不同，但儒家由于主张"止于至善"⑥，故绝不会狭隘地只爱与自己有血缘关系的亲属、家人，不思及于更远的他者，若如此，其实就误解、误用了儒家，儒家也不会是道德理想主义的代表了。

三、儒家对于特殊人之存有的原则——以直报怨

以上是一般人之存有的对待原则，并未细究各个特殊情况，《论语·宪问34》就针对三种不同的人之存有而有不同的讨论：

或曰："以德报怨，何如？"子曰："何以报德？以直报怨，以德报德。"

虽然此段文句按照与"我"的个别友善与否关系，似仅讨论"德"和"怨"两种人，笔者以为若从逻辑完备周延性来看，尚应加上隐而不显的"直"者。因此，可以将人之存有分成三种情况：第一种是"德"，有德者、对我有恩惠者、对我友善者；第二种是"直"⑦，正直者、对我不特别好也不坏者，不及"德"亦不至于"怨"；第三种是"怨"，对我怨恨者、伤害我者、仇敌。老子《道德经·63章》言："大小多少，报怨以德。"老子道家不论也不区分大小多少，是怨是德，一律消融于德的超然境界中。不同于老子，有人问孔子："以德报怨，何如？"孔子回答："何以报德？以直报怨，以德报德。"孔子的说法代表并领导儒家学派的思维，对于不同的对象有其不同的对待原则，既合情、合理亦不违德之要求，这是儒家的正义观。对"德""直""怨"三种不同的对象，对待其理当显示出等第与差异性，这正是"亲亲之杀，尊贤之等"⑧，但仍怀抱仁爱

---

① 杨伯峻译注：《孟子译注》，北京：中华书局，2008年，第252页。
② （宋）张载、章锡琛点校：《张载集》，北京：中华书局，1978年，第62页。
③ 杨伯峻译注：《孟子译注》，北京：中华书局，2008年，第254页。
④ 杨伯峻译注：《孟子译注》，北京：中华书局，2008年，第254页。
⑤ （清）孙诒让撰，孙启治点校：《张载集》，北京：中华书局，2001年，第115页。
⑥ （宋）朱熹撰：《四书章句集注·大学集注》，北京：中华书局，2010年，第4页。
⑦ 关于儒家对"直"之为德的意义探讨，参见潘小慧《论"直"——是与非之间》，《哲学论集》2000年第33期。
⑧ （宋）朱熹撰：《四书章句集注·大学集注》，北京：中华书局，2010年，第30页。

之心，维持一贯的友善态度，以更高一级或平等的态度回报，于是主张"以德报德"（平等）、"以德报直"（高一级）①及"以直报怨"（高一级）。这么一来，对待仇敌只须以正直，无须以超越正直的仁爱之德，否则如何显示或突出对德者的回报呢？朱熹《四书章句集注·论语集注》曰：

> 于其所怨者，爱憎取舍，一以至公而无私，所谓直也。于其所德者，则必以德报之，不可忘也。或人之言，可谓厚矣。然以圣人之言观之，则见其出于有意之私，而怨德之报皆不得其平也。必如夫子之言，然后二者之报各得其所。然怨有不雠，而德无不报，则又未尝不厚也。

笔者对此有三点整理分析：第一，对于"德""直""怨"三种不同对象，朱注诠释的重点在于其报是否"各得其所"。第二，若"出于有意之私"，以德报怨、以德报德之报皆相同，都是以德；对不相同者却以相同对待，此为不义，则会造成"怨德之报皆不得其平也"。第三，若按孔子的主张，以直报怨，不再落入冤冤相报的无底深渊，这可以止怨。"怨有不雠"，对于德者，当然不能以怨，这违背基本的人情义理，但也绝不可忘其恩惠，必须还报以德，如此不能说不是一种"厚"或看重。至于"以直报怨"的意思为何？什么是"直"？历史上对"直""直躬证父"的案例有不少讨论，此处无须赘言。"直"的原始意义就好比箭（矢）一般，简单来说是"正直"，与"曲"和"枉"相对且有别。荀子曾给"直"下过一个简洁的定义，他说："是谓是，非谓非曰直。"②朱注曰："爱憎取舍，一以至公而无私"，从人心的澄明和至公无私来谈直；朱又注曰："当赏则赏之，当罚则罚之，当生则生之，当死则死之，怨无与焉。不说自家与它有怨，便增损于其间。"③强调客观上该怎么做就怎么做，不考虑也不涉及主观两者之间曾有的恩怨。因此，朱熹对孔子的说法基本认同且赞扬，以为"圣人答得极好"④"明白简约，而其指意曲折反复。如造化之简易易知，而微妙无穷"⑤。反之，朱熹对于老子"报怨以德"的主张有质疑，朱熹言："于怨者厚矣，而无物可以报德，则于德者不亦薄乎！"⑥因为厚（看重）与薄（看轻/轻忽）是相对的，报怨以德对于怨者是看重的，那么就没有什么可以拿出手去还报德者了，相较报德以德对于德者就是看轻的了。故朱熹赞同"以直报怨"，他以此评价二子之说："以直报怨则不然，如此人旧与吾有怨，今果贤邪，则引之荐之；果不肖邪，则弃之绝之，是盖未尝有怨矣。老氏之言死定了。孔子之言意思活，移来移去都得。设若不肖者后能改而贤，则吾又引荐之矣。"⑦朱熹以为孔子的想法应用到实际做法上会比较灵活，也不会滋生怨怼，呼应孟子对孔子"圣之时者也"的赞誉；至于老子的说法，对比于孔子的"意思活"，朱熹直言"死定了"，相当直白。钱穆对"以德报怨"也持负面意见，他说："既以德报所怨，则人之有德于我者，又将何以为报？岂怨亲平等，我心一无分别于其间乎。此非大伪，即是至忍，否则是浮薄无性情之真者也。"⑧在钱穆看来，以德报怨不是极度虚伪，就是极度容忍，要不就是缺乏真性情的浅薄之人。以相似对待相似，不可以相似对待不相似，这是儒家哲学的正义，也是儒家哲学的对待逻辑，跟道家老子和西方基督宗教有所区别。以下介绍西方基督宗教的观点。

四、基督宗教的爱仇敌

《玛窦福音 5：38-48》的记载：

> 你们一向听说过："以眼还眼，以牙还牙。"我却对你们说：不要抵抗恶人；而且，若有人掌击你的

---

① 虽然孔子并未明说，但从其对待原则可以补充说明之。
② （清）王先谦，沈啸寰、王星贤整理：《荀子集解》，北京：中华书局，2012 年，第 24 页。
③ （宋）黎靖德编，王星贤点校：《朱子语类》，北京：中华书局，1986 年，第 1136 页。
④ （宋）黎靖德编，王星贤点校：《朱子语类》，北京：中华书局，1986 年，第 1127 页。
⑤ 朱熹撰：《四书章句集注·论语集注》，北京：中华书局，2010 年，第 30 页。
⑥ 朱熹撰：《四书章句集注·论语集注》，北京：中华书局，2010 年，第 1137 页。
⑦ 朱熹撰：《四书章句集注·论语集注》，北京：中华书局，2010 年，第 1137 页。
⑧ 钱穆：《论语新解 下册》，台北：三民书局，1973 年，第 503 页。

右颊,你把另一面也转给他。那愿与你争讼,拿你的内衣的,你连外衣也让给他。若有人强迫你走一千步,你就同他走两千步。求你的,就给他;愿向你借贷的,你不要拒绝。你们一向听说过:"你应爱你的近人,恨你的仇人!"我却对你们说:你们当爱你们的仇人,当为迫害你们的人祈祷,好使你们成为你们在天之父的子女,因为他使太阳上升,光照恶人,也光照善人;降雨给义人,也给不义的人。你们若只爱那爱你们的人,你们还有什么赏报呢?税吏不是也这样做吗?你们若只问候你们的弟兄,你们做了什么特别的呢?外邦人不是也这样做吗?所以你们应当是成全的,如同你们的天父是成全的一样。

根据士林哲学集大成者托马斯·阿奎那(Thomas Aquinas,1224—1274)的研究,"爱仇敌"可以有三方面的理解[①]:

首先,"爱仇敌"是悖理的、荒谬的,与意愿相违的,且相反于"仁爱",因为这蕴涵"爱仇敌"是一种恶。

其次,就一般或普遍的意义而言,"爱仇敌"可以意指我们爱他们的自然本性。就这个意义,"仁爱"要求我们爱仇敌;此即,在爱上帝及爱"近人"之时,我们不应排除我们的仇敌在我们的"近人"范围之外。也就是说,就一般意义,我们可视仇敌为一个"近人"。

最后,"爱仇敌"可以理解为特别地指向到"仇敌"身上。此即,我们应该有一种特别的爱的活动朝向我们的仇敌。仁爱不能绝对地要求这样做,因为仁爱并不要求我们对每个个别的人有一种特殊的爱的活动,因为这事实上不可能。然而,就我们在心中的准备方面而言,仁爱的确要求这样,也就是如果这个必然性发生的话,我们应该预备个别地去爱我们的仇敌。人应该实际上如此做,这是属于仁爱的完美,且因上帝的缘故爱他的仇敌。因为既然人为了上帝的缘故,出于仁爱而爱他的"近人",他若愈爱上帝,他就愈是置"仇敌"于一旁而只显示出爱"近人"(将仇敌视为一个近人而爱)。这就好比如果我们非常爱一个特定的人,那么爱屋及乌,我们也将会爱他的子女,即使他的子女对我们并不友善。

基督宗教也关注对于罪人的仁爱。按照阿奎那的研究,对于犯罪者,可以从两方面考虑[②]:一是他的自然本性,一是他的罪行。一方面,根据他的自然本性,即使是罪人,亦来自上帝,他仍具有幸福的能力,而幸福乃为仁爱之情谊所奠基。因此,就犯罪者的自然本性这个方面,我们应出自仁爱而爱他们。另一方面,罪人的罪行违反上帝,对幸福之追寻是个障碍。因此,就罪人的罪行方面,他们违反了上帝,凡犯罪者自当被痛恨,即使是某人的父亲、母亲或亲属。因为罪人就其为一罪人,我们有义务去恨他们;而就他能成为一有福佑之人,我们则有义务去爱他们;而这就是为了上帝的缘故,我们出于仁爱而真诚地爱罪人。

若我们以对仇敌及对罪人之仁爱来说明,耶稣所揭示的更高仁爱,不是说爱仇敌、爱罪人高于爱"近人"、爱好人,而是说爱"近人"、爱好人同时又爱仇敌、爱罪人高于只爱"近人"、爱好人。爱自己、父母、配偶、子女、亲人、朋友、好人、对我们有帮助的人或爱我们自己的身体等都不是难事,我们都可以找到一个合于自然本性的理由去说明,而且也毋庸置疑。但是,出自仁爱去爱一个恨我们、危害我们、打击我们、与我们为敌的仇敌,或者出自仁爱去爱一个犯罪的罪人,则没有一个合于本性的理由可以解释。是故,阿奎那/基督宗教的仁爱思想与其哲学系统一样,最后均指向终极关怀,显示出对超越的上帝的向往。在仁爱问题的讨论上,首先指涉"人神之爱",奠基于"人神之爱",然后才是"人伦之爱"。

五、结论

儒家所言的仁爱,既主要落于人与人的人际关系脉络中显现,其对象是爱"人",而非如基督宗教般以爱"上帝"作为仁爱最适切及本质的对象。也就是说,儒家的仁爱奠基于人伦之爱,及于非人存有,并

---

① St. Thomas Aquinas, *Summa Theologica*, II-II, 25, 8.
② St. Thomas Aquinas, *Summa Theologica*, II-II, 25, 7.

未触及人神之爱。虽然从孔子言"天生德于予"①,以至宋儒朱熹进而言,"天地之大德曰生,人受天地之气而生,故此心必仁,仁则生矣"②"当来得于天者只是个仁,所以为心之全体"③及其他诸段文字可知,儒家也承认有超越的天、天命和天意,也相信人心仁爱的来源可溯源于超越的上天,但上天并不等于基督宗教作为创造主的"上帝",上天并不成为仁爱的对象。儒家从不说"爱天",只说"敬天"或"畏天命"④,孔子对鬼神的态度是"敬""远之"⑤,仁爱的对象基本上以人为核心,至于实践的次序则是由亲及疏。

但这里的"人"到底有没有包括仇敌呢?仁爱的对象有没有包括仇敌呢?"以直报怨"的"直"是不是一种仁爱呢?由于"直"不涉及情感,所以我们很难将"直"当成是一种仁爱。为什么儒家对仇敌无法像基督宗教般以爱来对待呢?笔者以为原因如下:第一,儒家认为作为仁爱来源的天,虽然有些经典段落显示出有"人格"或"位格"意涵(例如《论语·八佾13》"获罪于天,无所祷也"),但并不像基督宗教的"上帝"或"天主"作为爱的对象,只是敬畏的对象⑥;第二,儒家虽也可称为"儒教",着重强调其人文教化之义,并非严格意义的宗教,故并不透过圣言或超性的方式阐明义理,而着重基于本性、理性,兼顾人情的方式来讲理、指导人生。

因此,对于怨者或仇敌,儒家的看法十分简明:无须以爱或德对待,只须以作为一个正常人的直道对待即可。

---

① 杨伯峻译注:《论语译注》,北京:中华书局,2006年,第82页。
② (宋)黎靖德编,王星贤点校:《朱子语类》,北京:中华书局,1986年,第89页。
③ (宋)黎靖德编,王星贤点校:《朱子语类》,北京:中华书局,1986年,第109页。
④ 王秀梅译注:《诗经》,北京:中华书局,2015年,第750页:"畏天之威,于时保之。"《论语·季氏8》:"君子有三畏:畏天命,畏大人,畏圣人之言。"
⑤ 《论语·雍也22》:"樊迟问知。子曰:务民之义,敬鬼神而远之,可谓知矣。"杨伯峻译注:《论语译注》,北京:中华书局,2006年,第69页。
⑥ 《朱子语类·卷八十七》:"'贤者狎而敬之',狎是狎熟,狎爱。如'晏平仲善与人交,久而敬之',既爱之而又敬之也。'畏而爱之'如'畏天命,畏大人,畏圣人之言'之'畏',畏中有爱也。"此中朱熹对"畏"的解释,先讲对人——贤者的敬爱,然后再谈天命、大人、圣人之言,由敬畏而产生爱慕之意,综合来说是一种对"天理"的爱慕,类于古希腊的philia,对于理智、智慧之爱,还未及于agape,不是对天之位格神的超越之爱。

道德偶然与生生之道

庞俊来*

(东南大学 人文学院，江苏 南京 211189)

> **摘 要**：伦理道德是中国哲学精神的核心所在，在儒道互系的哲学体系中呈现出"伦-理-道-德-得"与"道-德-伦-理-安"的内在辩证结构。不同于西方"太初有言"的追求普遍性知识论哲学传统，中国哲学儒道体系呈现的是"太初有为"的立足于偶然性现实的实践论哲学。偶然性世界观是以伦理道德为核心的中国哲学的价值面向，通过以儒为主、以道为辅并在儒道之间辩证互系的生生之道，满足了中国人内在道德修养与外在伦理认同的双重需求。道德偶然的世界观与生生之道的实践论，能为中国现代哲学提供话语支持与致思方向。
>
> **关键词**：中国哲学精神；偶然性世界观；道德偶然；生生之道

21世纪伊始，中国哲学界不断发出"让哲学说汉语"的呼声。20世纪80年代初期，西方哲学界的朋友最早提出"我们有否哲学"的问题，争论最终变成"我们有西方哲学意义上的哲学吗"，使得这场争论最后走向了对西方哲学的"翻译"和"述评"以及各种"新知文丛"和"学术文库"的"著书立说"。按照张志扬教授的批判，"著书"虽有，但是"立说"连"熹光"都没有，进而提出我们不是在讲"现代中国哲学"而是要追问"中国现代哲学"①。2010年、2011年，李泽厚与刘绪源联合连续出版"李泽厚2010年谈话录"和"李泽厚2011年谈话录"，书名分别为《该中国哲学登场了？》《中国哲学如何登场？》，从书名的"？"中我们可以看出，这样的追问具有"试探"的口气，透出点"熹光"。2017年，复旦大学邓安庆教授开始主编出版学术季刊《伦理学术》，提出"让中国伦理学术话语融入现代世界文明进程"，希望中西古今"心意上相互理解"，"思想上相互激荡"，从伦理学学科点亮"熹光"。2019年，已故知名学者叶秀山的"绝笔"之作出版，这本书是国家社科基金重点项目"欧洲哲学的历史发展与中国哲学的机遇"课题研究成果，最终以《哲学的希望》书名出版，从中可以看到叶先生及其课题组希望发出点"熹光"。从"现代中国哲学"到"中国现代哲学"，从"？"到"希望"，中国学人一次次表现出对哲学说汉语的期待，另一方面又总有欲说还休、无以言表的困境。

在《伦理学术》第4期"主编导读"中，邓安庆教授在评析华东师范大学钟锦副教授用古诗韵文写就的《泰西哲人杂咏》之后，发出"谁还敢说中文无哲学"的反问。② 一直以来，让哲学说汉语，"语言"都是其中的障碍，似乎汉语与哲学就是一个不相容的话题。西方哲学的形而上学具有严密的逻辑与语法，而汉语语法的感悟性和模糊性似乎与西方哲学理性永远无法统一步调。张志扬教授指出："谁也没有一成不变的'原始文言'保证原始经验的聚集。像河流一样，仅靠最初源头上的水是流不到大海的，真

---

* 作者简介：庞俊来(1978—)，男，江苏淮安人，哲学博士，东南大学人文学院哲学与科学系、道德发展研究院副教授，博士生导师，主要从事黑格尔伦理思想、伦理学原理与当代道德哲学理论等研究。
　　基金项目：国家社会科学基金一般项目"互联网时代道德偶然性研究"(16BZX105)，江苏省道德发展智库、江苏省公民道德与社会风尚协同创新中心资助成果。

① 参看张志扬《一个偶在论者的觅踪——在绝对与虚无之间》，海口：南方出版社，2008年，第276—277页。
② 邓安庆：《仁义与正义：中西伦理问题的比较研究》，邓安庆主编：《伦理学术》第四辑，上海：上海教育出版社，2018年，第13页。

正的源头还在它流经的每一个阶段时加进来的现实活水。所以,如果没有别的动机,单单埋怨现代汉语实在没有道理。"①西方哲学认为,"语言是我们的界限",事实上也只是西方"哲学"的。李泽厚先生说:"几十年来一直萦绕着我的,是如何'走出语言'的问题。所谓'走出语言',是指走出当今语言哲学的牢笼。"②让哲学说汉语,不是单纯语言的突破,不是古今汉语的"文白之辩",也不是中西"语言合法性"之争,而是根本的中国哲学精神的转化。让哲学说汉语,根本上就是将中国哲学精神说成现代汉语,说成世界话语。让哲学说汉语,就是要说出当代中国老百姓听得明白、世界听得懂的中国哲学精神。

一、中国哲学精神的核心是伦理道德

我们常说,中国文明是世界上唯一没有中断的文明。在三皇五帝的传说与传诵中,我们开始被叫做"炎黄子孙";在"二里头"的实实在在的遗址中,我们被"证实"是"华夏文明";在春秋战国百花齐放与百家争鸣中,我们实现了多民族的统一,开始被叫做"秦(China)"与"中国(China)";在罢黜百家、独尊儒术的文化选择中,我们的民族成为了"汉";在"儒道释"三位一体的文化圆成中,我们成就了"大唐"繁华,世界各地遍布"唐人街";"唐宋元明清"一脉相承代代相传,让"中华民族"生生不息;民国蛮夷之辩中,我们依然选择"中华民国";新中国让人民当家做主,我们叫做"中华人民共和国"……

翻开我们至今存有的最古老的典籍,我们发现每一个每一章的开篇都是这样开始的:

《周易·乾卦第一》:乾:元,亨,利,贞……九三,君子终日乾乾,夕惕若厉,无咎……

《尚书·虞书·尧典》:曰若稽古,帝尧曰放勋,钦明文思安安,允恭克让,光被四表,格于上下。克明俊德,以亲九族。九族既睦,平章百姓。百姓昭明,协和万邦,黎民于变时雍。

《诗经·周南·关雎》:关关雎鸠,在河之洲,窈窕淑女,君子好逑。

《礼记·曲礼上第一》:《曲礼》曰:毋不敬,俨若思,安定辞,安民哉。

《论语·学而第一》:子曰:学而时习之,不亦说乎?有朋自远方来,不亦乐乎?人不知而不愠,不亦君子乎?

《大学》:大学之道,在明明德,在亲民,在止于至善。

《中庸》:天命之谓性,率性之谓道,修道之谓教。道也者,不可须臾离也,可离非道也。是故君子戒慎乎其所不睹,恐惧乎其所不闻。莫见乎隐,莫显乎微,故君子慎其独也。

《孟子·梁惠王章句上》:孟子见梁惠王。王曰:"叟,不远千里而来,亦将有以利吾国乎?"孟子对曰:"王,何必曰利?亦有仁义而已矣。"

……

从这些典籍的开篇之中,我们可以看出,中国人最关心的是"伦理道德",最希望成为的人是"君子"。"君子"不同于"男人"的地方,也就在于"君子=男人+道德"。所以,中国文化的核心在于"伦理道德",中国哲学的根本在于为"伦理道德"提供合理性与合法性论证,"伦理道德"问题是中国的"第一哲学"问题,伦理学或道德哲学是中国哲学的"第一哲学"。西方哲学家雅思贝尔斯提出,公元前800年至公元前200年期间,是人类的"轴心时代",那时古希腊、以色列、中国和印度等古代文化都有了哲学性的"终极关怀的觉醒",出现了一批伟大的精神先知——古希腊有苏格拉底、柏拉图和亚里士多德,以色列有犹太教的先知们,古印度有释迦牟尼,中国有老子与孔子……近代思想家梁漱溟先生进一步从人生三路向提出世界文化与文明的三路向,"西方化是以意欲向前要求为其根本精神的。或说:西方化是由意欲向前要求的精神产生'赛恩斯'(科学)与'德谟克拉西'(民主)两大异采的文化……中国文化是以意欲自为、

---

① 张志扬:《一个偶在论者的觅踪——在绝对与虚无之间》,海口:南方出版社,2008年,第279页。
② 李泽厚、刘绪源:《中国哲学如何登场?——李泽厚2011年谈话录》,上海:上海译文出版社,2012年,第1页。

调和、持中为其根本精神的;印度文化是意欲反身而后要求为其根本精神的"①。李泽厚在当代哲学的审视中,提出哲学"走出语言"的问题,他发现,中国哲学不同于西方哲学的"太初有言"的言说方式,而是"太初有为"的"天行健",西方哲学是《圣经》、希腊哲学的 Logos,是逻辑-理性-语言—'两个世界'",而中国哲学是《周易》和巫史传统,是行动('天行健')-生命-情理-'一个世界'"②。也就是说,从"终极关怀觉醒"的问题出发,中西印阿(阿拉伯)给出了不同的文化路向与文化答案,不同于西方人的科学(或真理)、印阿人的宗教,中国人将"自为、调和、持中"的"伦理道德"作为人的"终极关怀"。

《左传·襄公二十四年》:古人有言曰:"'死而不朽',何谓也?"……叔孙豹曰:"太上有立德,其次有立功,其次有立言,虽久不废,此之谓不朽。"不同于西方"太初有言",将真理、逻各斯、知识、语言作为最高的哲学范畴与终极关怀,中国人在百花齐放、百家争鸣的历史选择中,将儒家作为个人与社会生活的基本理想,将"立德"作为最高的终极关怀,以"格物致知"为成就个体道德的君子之道,以"修齐治平"为成就社会伦理理想的士大夫之道。在"儒道释"一体的文化圆成中,形成了"伦-理-道-德"与"道-德-伦-理"的个体至善与社会至善的伦理道德辩证互动体系。从儒家的视角来看,是一条"伦-理-道-德-得"的以个体至善成就社会至善的伦理精神之道,"伦"是人伦,也是天伦,是家国一体的精神家园;"理"是天理也是人理,是仁义礼智信的五常之理;"道"是人道,是"明天理抑人欲"的仁义之道;"德"是德性,人人都具有的良知良能良心;"得"是得天下,修齐治平,成就自我也成就社会③。这样的"伦-理-道-德-得"之中,"天"之"伦","伦"之"理","理"之"道","道"之"德","德""得"相通,从自然之伦到人伦之理,从人伦之理到人人之道,从人人之道到个体德性,从个体德性到德得相通,实现了从"自然—社会—个人"的辩证圆圈式运动,既成就了社会,又成就了自我,社会至善优先,个体至善的实现包含在社会至善的呈现之中。从道家的视角来看,是一条"道-德-伦-理-安"的以社会至善成就个人至善的道德理性之道。"道"是天道,自然而然之道;"德"是人德,是顺其自然的"道"德;"伦"是人伦,是自然天成的人伦;"理"是人理,是无需伪饰的自然人性;"安"是自然之得,是"心""安""理""得",在社会中"安伦尽份",在个体内在是"安贫乐道",成就社会也成就自我。这样的"道-德-伦-理-安"之中,"天"之"道","道"之"德","德"之"伦","伦"之"理","心""安""理""得",从天然之道到万物之德,从万物之德到自然人伦,从自然人伦到人道心理,从人心道理到心安理得。实现了"自然-万物-社会-人心"的辩证圆圈运动,既成就了个人,又成就了社会,个人至善优先,社会的无为而治包含在个人的顺其自然的心安理得之中。在"巫史传统"中,中国人有了伦理道德观念与历史经验,儒道同体。随着社会发展,儒道分家,儒家重伦理,道家重道德。儒家社会至善式的伦理精神与道家个体至善式的道德理性共同构成了中国人的精神世界,无论是历史、文化还是学术,伦理道德一直都是中国哲学的核心。

二、中国伦理道德的哲学世界观是偶然性世界观

不同于西方"太初有言",中国哲学的源头是"太初有为"。"太初有言",强调"是",是其所是,普遍性、必然性是其真理性。"太初有为",强调"做",亲为亲在,偶然性如影随形。费希特曾经说过,"把握一切哲学的课题""众所周知的终点"乃是"看到客观东西与主观东西在其中全然不分离,而是浑然一体",进而解释"怎么在某个时候客观东西能变为主观东西,自为的存在能变为被表象的东西"④。按照这样的哲学界定,如果真的存在着这样的"哲学课题",一定是"伦理道德"的"做"。形而上学的"是"还是连接主词与谓词的中介,只有在伦理道德的"做"中,才有"主观东西与客观东西"的"全然不分"与"浑然一

---

① 梁漱溟:《梁漱溟全集(第一卷)》,济南:山东人民出版社,2005年,第353、383页。
② 李泽厚、刘绪源:《中国哲学如何登场?——李泽厚2011年谈话录》,上海:上海译文出版社,2012年,第2页。
③ 关于"伦-理-道-德-得"的伦理精神的阐释,最为完整与系统也是原创性的阐释是樊浩教授,具体内容参见樊浩《中国伦理精神的历史建构》,南京:江苏人民出版社,1999年。
④ [德]费希特:《伦理学体系》,梁志学、李理译,北京:商务印书馆,2007年,第3页。

体"。因而,一方面费希特将其自己的哲学叫做"伦理学体系";另一方面,我们可以得到的启示是伦理道德是第一哲学问题,伦理学与道德哲学是第一哲学。

这种"全然不分""浑然一体"的"主观东西与客观东西""自为东西与表象东西"相统一的伦理道德,我们该如何言说呢?它又怎样让我们知道呢?我们在生活中又是怎样发现它的呢?在我们面向未来的生活实践中以什么样的方式与我们同行呢?不同于西方人追问"美德是否可教",希望将"美德"通过普遍的方式传授给每个人,中国人生来就觉得"美德可行""可做",只要"可行""可做"了,"美德"自然就存在,因而"天行健"。正如西方人追问美德逻辑的普遍性(空间美德),中国人追问美德逻辑的永恒性(时间美德),因而"天行健"的同时"君子以自强不息"。"一燕不成夏""一德不是德",俗人、小人、凡人可以做一件美德的事,也可以做多件美德的事,而君子、大人、圣人可以每时每刻做美德的事。西方人的道德世界观是普遍性、必然性,中国人的道德世界观是当下性、偶然性。

道家在阐释伦理道德时说,"上德不德,是以有德;下德不失德,是以无德""失道而后德,失德而后仁,失仁而后义,失义而后礼"①。真正的道德不是我们常人所看到的那个庸常的道德,真正的道德也不是我们常人所在实践的那个惯常的道德,真正的道德是偶然性的永远有待完成的道德。日常生活里的伦常道德的前提是"道",但是"道"是什么呢?"有物混成,先天地生。寂兮寥兮,独立不改,周行而不殆,可以为天下母;吾不知其名,强字之曰'道',强为之名曰'大'。"②这样的"道""有物混成",是哲学真正的终点,也是起点。"道可道,非常道;名可名,非可名。"③"道"时刻存在,在时间上永恒,但对于人来说,是体悟性的当下存在,对于个体的存在来说,需要个体在时空中具体把握,具有不确定性。"字之曰大",客观上说无以言表;"强为之名曰大",主观上说勉为其难,它们本质上"表象的"即是"自为的","自为的"即是"表象的","客观的"即是"主观的","主观的"即是"客观的",永远都具有"当下性""瞬间性""唯一性"。建立在这样"道"基础之上的"伦理道德",对于有限存在者的人来说,永远具有偶然性,而不是绝对必然性。

儒家在阐释伦理道德时说,"乾以易知,坤以简能;易则易知,简则易从;易知则有亲,易从则有功;有亲则可久,有功则可大;可久则贤人之德,可大则贤人之业。易简,而天下之理得矣。天下之理得,而成位乎其中矣"④。"易"乃是儒家之世界观,永恒不变的"易","易"是天下之理,得此理才可成就德业。不同于苏格拉底玩命地追问"美德是什么",儒家从来不给任何伦理道德的概念下确定性的定义。"仁者见仁,智者见智。""仁"与"智"是同一的,也是统一的。伦理道德依附于实体性的人,实体性的人也拥有伦理道德。这种依附和拥有是同一的,也是统一的。是不是永恒的在场,如何呈现出来?孔子说:"不愤不启,不悱不发"⑤。王阳明说:"无善无恶是心之体,有善有恶是意之动,知善知恶是良知,为善去恶是格物"⑥。伦理道德的存在是主体与属性同一、统一的存在,是善恶一体的同一、统一的存在,这种存在和呈现都是当下性的、一次性的、唯一性的,需要在时时刻刻、每时每刻的行动中去体现的。"仁、义、礼、智也,是表德。性一而已,自其形体也,谓之天;主宰也,谓之帝;流行也,谓之命;赋于人也,谓之性;主于身也,谓之心。心之发也,遇父便谓之孝,遇君便谓之忠,自此以往,名至于无穷,只一性而已。"⑦伦理道德是性、形、行的"全然不分"与"浑然一体",理解了"仁义礼智信"的知识,还需要"遇父""遇君"的契合,不是死守"形式"的法则。这"无穷"之中拥有各种变数和不确定性,偶然性如影随形,拥抱偶然是常态。这

---

① 参照陈鼓应译注:《老子今注今译》,北京:商务印书馆,2006年,第215页。
② 参照陈鼓应译注:《老子今注今译》,北京:商务印书馆,2006年,第169页。
③ 参照陈鼓应译注:《老子今注今译》,北京:商务印书馆,2006年,第73页。
④ 杨天才、杨善文译注:《周易》,北京:中华书局,2014年,第561页。
⑤ 杨伯峻译注:《论语译注(简体字本)》,北京:中华书局,2006年,第77页。
⑥ 参见王阳明《传习录注疏》,邓艾民注,上海:上海古籍出版社,2012年,第257页。
⑦ 参见王阳明《传习录注疏》,邓艾民注,上海:上海古籍出版社,2012年,第36页。

样的"伦理道德"给予人极大的意义,也是人的高贵之处,也是一切生物中人所独有的。"成为人"是一种伟大,更是一种使命。"明明德"是其基本的起点,"成为人"是终生的实践,是生命的全程。终生与偶然性相伴相随,疲惫吗?有意义吗?"知其不可为而为之"①,《论语》的这句话不是孔子"说"出来的,而是孔子"做"出来的。伦理道德对抗偶然、把握偶然的方法是"做",而不是"说"。

儒道两家的道德偶然的世界观,后来在佛家传入中国后的中国化的禅宗中也有集中的体现。中国哲学是伦理道德的哲学,中国哲学的世界观是偶然性的世界观。正是在这个意义上,当西方必然性的"是其所是"的"言说"性哲学话语走到尽头时,中国偶然性世界观哲学"为其所为"的"做"伦理道德开始拥有了"出场"的"曙光"。张志扬第一个提出"偶在论"并指出其作为"中国现代哲学"出场的可能性,"'偶在',我的初衷和目的是'中国现代哲学'之建立"。但是,同时,张志扬又有自身明确的反思,"我不是没有注意到,特别是'偶在论',其范畴来源于西方,若无批判能力或防范机制,不管你意识与否,有一个暗含的前提你是当作'自明性'携带着了:西方是普遍者,那么中学或其他则是特殊者,当真落了'欧洲中心论'及其'东方学'的言筌"。可以说,张志扬发现了偶然性世界观,暗含着中国哲学世界观的契合,但是没有明确自觉地挖掘中国哲学的伦理道德的核心,还是在西方形而上学中徘徊。张先生进一步反思:"我内心的确还有很深的两难。做西学的人很容易把西学看作学术或思想的本位,正如做中学的人很容易把中学看作学术或思想的本位一样,谁都会按本位把学术或思想看作'只能'像自己这样或'应该'像自己这样,谁都不会认为自己片面。"②中国哲学说汉语,只能是伦理道德的哲学话语,就是让中国伦理道德精神说出哲学的意义。

李泽厚在《该中国哲学登场了?》这部半问半答的谈话录中,挖掘中国伦理道德哲学中一个重要的思想——"情本体"。李泽厚直言不讳地说,"'命运'是新世界的哲学主题","人性、情感、偶然,是我所企盼的哲学的命运主题,它将诗意地展开于二十一世纪"③。同时,李泽厚还断言,"情感是与命运、人性、偶然连在一起提出的……(他自己提出的,作者注)'情本体'哲学指向的是这个神秘的宇宙存在及其秩序和偶然性"④。在这里,伦理道德的理性不是"智理"而是"情理"。在这里,李泽厚完全从中国哲学,尤其是中国伦理道德的"情"本原提出了"新世界的哲学主题",并将这种"情本体"的世界观指向了"偶然性"。西方的尽头是中国,中国的尽头是西方。中国哲学的出场就是从西方必然性的形而上学的尽头去生发道德偶然性的伦理道德哲学。

三、道德偶然论的中国意义与时代面向

道德偶然论是一种道德本体论,也是一种道德存在论,是对伦理道德的偶然性世界观的阐释。人类文明的历史是个体生命一步步独立的发展史,在蒙昧的时代,脆弱的个体只能在"神话"中依靠"英雄"抱团生存。自然和谐的秩序以"神启"的方式"开恩",个体的"命运"飘忽不定。虽有昙花一现的"灵光乍现"的个体"智慧"出场,也如星辰般寥然寂寞。"神启"的尽头是哲学的觉醒,德菲尔神庙里的苏格拉底的追问,半神半人;苏格拉底的追问本身却是伦理道德的第一次觉醒。"神话"的尽头是个体的觉醒,这觉醒将"美德""知识"赋予了"部分""高贵的灵魂",也赋予了部分的"个体"生命。少数优美的灵魂高高在上,依然没有每个个体的尊严,"命运"还是一个如影随形的存在。部分"灵魂"的尽头是"全部灵魂"的在场,只可惜这"灵魂"不是"人间的",而是"天国的"。匍匐在上帝面前的虔诚教徒,偶尔会有"自由意志"的呼唤。当越来越多的"自由意志"开始觉醒时,"上帝"就倒下了。上帝死了,我们生活的意义需要觉醒的"个体"自己把握,个体的"命运"开始真正成为哲学的主题。从感性的自由到理性的自由再到道

---

① 杨伯峻译注:《论语译注(简体字本)》,北京:中华书局,2006年,第178页。
② 张志扬:《一个偶在论者的觅踪——在绝对与虚无之间》,海口:南方出版社,2008年,第283页。
③ 李泽厚、刘绪源:《该中国哲学登场了?——李泽厚2010年谈话录》,上海:上海译文出版社,2011年,第63页。
④ 李泽厚、刘绪源:《该中国哲学登场了?——李泽厚2010年谈话录》,上海:上海译文出版社,2011年,第24页。

德的自由,洛克、休谟、康德一个个出场,黑格尔用"绝对精神"与历史"总体性"定义了"主体性"。主体性变成了"理性",个体的命运交给了具有可以把握普遍性和必然性的"理性","命运"依然成为问题。在"理性"的尽头,我们终于可以面对"偶然"。而且在"纯粹理性"编织的互联网与"纯粹理性存在者"人工智能出场之后,"人之别于禽兽者几兮"问题变成了"人之别于人工智能者几兮"的人之为人问题,人的伦理道德性凸显,人的偶然性意义凸显。道德偶然论就是每一个个体直面自己命运的哲学本体论,就是人生命运的世界观。

中国人没有西方人的形而上学的个体化进程,我们一开始就认识到人的伦理道德本性,并一开始就意识到人类所面临的"道可道非常道、名可名非常名"之不"可言说"的偶然性境遇,将人的命运交付给"做",而不是"言"。这个过程依然需要每一个个体的生命参与伦理道德觉醒。但是,非常遗憾的是,我们在文明之初面对大自然无助抱团之时,将伦理道德赋予了"圣人""大人"和"君子",使得个体失去了成就道德的可能,伦理道德成为"部分人"的特权。董仲舒说:"圣人之性,不可以名性;斗筲之性,又不可以名性;名性者,中民之性。"①将人性的伦理道德可能留给了对"中性之民"的教化,"圣人之性"就成为高高在上的"教化"主人,伦理道德成为社会治理的工具,而非每个个体的生命存在。到了韩愈《原性》的性三品,"性之品有三……上焉者,善焉而已矣;中焉者,可导而上下也;下焉者,恶焉而已矣",则更为显著。在孔子那里,还是那种即使是"圣人"都是"明知不可为而为之"的伦理道德,现在却成了"圣人"天生具有的"必然性"伦理道德,成为社会规则的典范。伦理道德从"偶然性"走向"必然性"的"异化",是中国伦理道德社会化的教化。虽然也有"人人皆可为尧舜""涂之人可以为禹"的道德理想,可是这样的道德理想也以"尧舜"和"禹"的现世王者形象与典范榜样而出现。

伦理道德进展到哲学的地步,就是每个生命个体的绝对实现,就是"人人皆可为尧舜""涂之人可以为禹"的绝对现实。将那些"仁义礼智信"的表德深入到"人心"的最深处,将道德礼教拉下神坛,将"吃人"的"仁义道德"拉下来,不再将伦理道德作为"杀人"(扼杀人性的意义)的工具,而是作为"人"的卓越表现。在伦理道德面前,我们每个人都拥有偶然性,谁也不比谁高贵,谁也不比谁低劣。成就了美德,造就了道德;不能成就美德,我们依然还是人。美德是"卓越"的表现,美德的实现具有"偶然性"。人是一个"感性—理性—德性"的存在者,感性是表象,理性是抽象,德性是感性与理性的统一,感性中有欲望、愿望、意志等情感审美,理性中有归纳、演绎和推理等智理,德性是善良意志、信念、信仰、应该等情理的生活体现。人首先是一个感性存在者,然后是一个理性的存在者,最后才是一个德性的存在者。我们成就不了美德,成为不了德性的存在者,不代表我们不能作为"理性存在者""感性存在者"而存在。道德审判干扰了我们这个社会的法治精神,也抑制了美德多样性的呈现。以德治国是塑造和弘扬德性的存在者,不是用统一的德性来定义与限制人性。道德偶然论的最大解放意义就是将伦理道德拉下神坛,成为与我们同在的美德,成为我们人生命运的卓越选择与无限可能性。

自从康德提出"纯粹理性"以来,作为一个"有理性"的人总是面临着"纯粹理性存在者"的威胁。虽然康德将人包含在理性存在者之中,但是从未放弃其他理性存在者的存在。21世纪的今天,我们终于看到一个"纯粹理性存在者"存在和出场的可能,这就是"人工智能"。在一个人工智能的时代,我们个体性的"人"再也没有了"理性"的骄傲,成为一个彻底的"命运"存在者。美国的小学课堂已经用计算机取代加减乘除的手工运算,李世石战胜不了"阿尔法狗",人类一个个体具有的理性功能已经再也无法超越一个单个计算机,我们的生活都在人工智能的"算法"之中。如今这"算法"也不是一个人的成果了,而是"集体"的"智慧",那么,还有哪一个单独的人可以战胜单独的"人工智能"? 当然,我们可以说大写的人依然是人工智能的主宰,但这主宰的背后,我们个体的生命意义何在? 人者别于人工智能者几兮?"命运""偶然""情感"就成为我们时代重要的哲学主题。每一个个体独特的命运才是我们生活的意义,也是

---

① 董仲舒:《春秋繁露》,张世亮、钟肇鹏、周桂钿译注,北京:中华书局,2012年,第388页。

美好生活的根本。我们在理性的尽头发现,理性不能是"价值理性",而应该永远是"工具理性",是人的"工具性"功能,而不能成为唯一的功能。马克思主义理论说,会制造和使用工具在猿猴变成人的过程中起到核心作用。按照同样的逻辑,会使用理性和生产知识的人会变成什么呢？"人工智能"让我们重新思考人的存在。人是一个"感性—理性—德性"的存在者,人者别于人工智能在于：人有情感,人有命运,人有德性,人生活在偶然之中。道德偶然论是一种本体论,是一种面向时代追问人性的道德本体论。道德偶然是一种存在论,让道德走进生活,让世界变得美好。道德就是生活,道德就是当下,道德就是你我,道德就是现实。这既是中国的哲学精神,也是时代的道德呼唤。

四、生生之道与道德偶然

中国社会科学院的贺照田先生在21世纪初就曾经振聋发聩地指出："现下中国的伦理学界,或忙于从时代发展要求出发来设计现代中国所需的现代伦理、评论时下的道德伦理表现；或忙于普世伦理和底线伦理的讨论,以为世界的长治久安尽力；或忙于以中国古典伦理论说资源和其他文明、文化伦理对话,并以之批评现代性的缺失。凡此种种伟业,一个共同的特点就是不去追究和分析现下中国人的伦理困境、精神痛楚和不安定的身心。"①这个感慨的背后,是中国伦理学发展的现实逻辑与理论保守。从历史的发展阶段来看,中国伦理学的发展与中国社会主义发展的现实命运息息相关。新中国成立到改革开放之间,因为新中国社会主义性质,中国伦理学发展必然要以马克思主义伦理学的独立性与指导性地位为要义,进行社会主义道德理论与实践的建构,马克思主义伦理学成为时代发展的必然要求。改革开放以后,百家争鸣与百花齐放成为睁眼看世界的中国伦理学界的新气象。但是,由此而来,如何看待"古今中西"的伦理道德、伦理学理论与道德哲学理论,成为四十年来中国伦理学界潜在的学术背景。"中国是传统的,西方是现代的""中国是落后的,西方是先进的"一直都是主流的社会认识与学界的潜在意识。改革开放四十年来,中国伦理学界不是在贩卖西方传统的伦理学理论,就是在引介西方新兴的伦理学理论；不是在用西方的伦理学理论分析中国社会的伦理道德问题,就是在用西方的伦理学理论重新阐释中国传统的各家各派伦理思想；不是让中国的伦理道德概念穿上西方的伦理学外衣去炫耀自己的优秀,就是用西方的伦理学理论重新阐释中国传统的伦理道德概念的深刻性。凡此种种,唯一没有直面的问题就是：中国社会的伦理问题到底是什么？中国的伦理学理论到底是什么？中国人的道德生活可以为今天全球的世界文明发展提供什么样的伦理道德价值？当代中国社会的伦理道德问题可以提供具有什么意义的伦理学理论？一句话,我们研究了太多的伦理学理论（道德虚无主义、道德怀疑主义、道德绝对主义、道德相对主义等等）,我们研究了太多的西方伦理学理论（美德伦理学、规范伦理学、应用伦理学等等）,却很少关注真正的伦理道德问题,很少关注属于中国人特有的伦理道德问题。当然,我们也研究了很多伦理道德问题（生态伦理问题、气候伦理问题、网络伦理问题等等）,却很少在为这些问题提供中国人的"世界级"伦理学理论。

关起门来,扪心自问：在伦理学的发展上,新中国七十年来中国伦理学界为整个世界知识界贡献了多少理论成果？中国伦理学界的理论成果有多少得到了世界性的回应？中国伦理学界提出了哪些属于自己的独特的伦理学概念或伦理学范式？在文化认同上,世界上还有多少国家认为中国是一个"伦理型""道德型"的文化大国？今天世界上还有多少国家认为我们是一个礼仪之邦的道德文明的国度？我们自己的国家是否还是以梁漱溟先生的伦理型文化作为自己的立国之基与文明归旨？在道德生活上,君子人格是否还是每一个中国人做人的基本标准？"扶不扶"的社会问题反映着我们生活在什么样的伦理道德的认同结构之中？每个中国人是否都具有自己独立自信的道德人格追求？

由是观之,我们会发现,在当代中国,伦理学处于一个非常尴尬的地位。一方面,中国是一个有着悠

---

① 贺照田：《当代中国的知识感觉与观念感觉》,桂林：广西师范大学出版社,2006年,第13页。

久伦理道德思想的文明古国,另一方面,中国伦理学的发展却十分薄弱,以致众多的中国伦理学学者感慨,中国还有没有一个独立的伦理学学科? 在谈到伦理学的时候,我们或者是在谈马克思主义伦理学(一种在马克思主义视域下的伦理学),或者是谈西方哲学视域下的伦理学,或者是谈中国哲学视域里的伦理学,一种独立的伦理学好像始终没有发现①。中国伦理学界始终是一个小众的伦理学领域,从事伦理学研究的,要么是从马克思主义走出来的"思想政治教育"专业的学者,要么是在西方形而上学背景中研究伦理学的学者,要么是在中国哲学儒道释视野里来研究伦理学的学者,纯粹而独立的伦理学学者少之又少。在中国,哲学的划分中很少出现西方形而上学、道德哲学、政治哲学这样的视野,而是以区域或研究方向划分为中国哲学、西方哲学、伦理学、科技哲学等,伦理学的独立性比较模糊。

黑格尔曾说,哲学是时代精神的精华。"新精神的开端乃是各种文化形式的一个彻底变革的产物,乃是走完各种错综复杂的道路并作出各种艰苦的奋斗努力而后取得的代价。"②任何人都不能跳过他的时代,任何社会都应该正视他自己的时代,任何民族和国家的文化都应为它所处的时代提出自己的思想成果。这个过程是"错综复杂"的,这个过程是需要"艰苦奋斗努力"的,这个过程也是"彻底变革"的,但是,这个过程的结果或产物也只能是"一种新精神的开端"。黑格尔在完成他时代的新精神确认之后,用新精神建构自己(也可以说是德国人)所设想的理想的社会时又曾敏锐地指出:"本书(指《法哲学原理》)所传授的,不可能把国家从其应该怎样的角度来教,而是在于说明对国家这一伦理世界应该怎样来认识。"③同样,中国的伦理学理论不是教我们应该如何做,而是要说明我们当代的伦理道德问题应该如何认识。中国伦理学要想有所突破,必须直面"当代中国人"的伦理道德问题与伦理道德现实与伦理道德传统,必须思考"当代中国人"所处的时空位系与理论谱系,必须面对中国人的生活处境的生命体验与生活感观。

《大学》开篇即言,大学之道,在明明德,在亲民,在止于至善。"明明德"是起点,是个体成"人"之起点。个体意识到自己人之为人的根本在于"德"性,但是"德"之性不是自然"明"了的,其有着偶然性的机遇,只有在个体切实存在的偶然性时空中才有被激发的可能。大学之道、大人之道、成人之道,不在"德",也不在"明德",而是在"明明德"。中国儒家深知"德"是偶然的、多样的,"明德"的定义也是十分困难的(苏格拉底式的"美德即知识"的定义也只能是一种假设),我们只能对"明明德"作出结构性的理解与设定。因而,"德"是一种偶然性的道德实在,"明德"是一种偶然性的本体论,"明明德"是一种偶然性的认识论,我们只有意识到"明""明德"的根本,认识到"明德"本身的偶然性,才能够走上"大学"之道。中国哲学的道德本体论不同于西方形而上学的本体论。形而上学本质上是一种原子式的本原,"我是谁""我从哪里来""世界从哪里来""世界的本原是什么"等问题总是要归结到一种具体的"水""气""土""火""原子""实在"等实体性东西上。中国哲学强调"生生":

《尚书》:"汝万民乃不生生。""往哉,生生。"

《老子》:"一阴一阳之谓道。继之者善也,成之者性也。仁者见之谓之仁,知者见之谓之智,百姓日用而不知,故君子之道鲜矣。显诸仁,藏诸用,鼓万物而不与圣人同忧。盛德大业至矣哉! 富有之谓大业,日新之谓盛德。生生之谓易,成象之谓乾,效法之谓坤,极数知来之谓占,通变之谓事,阴阳不测之谓神。"

《系辞传》:"生生谓之易。"

《论语传注问·学而一》:"生生即仁也,即爱也,即不忍也,即性即情也。"(李塨)

---

① 2019年10月26日,东南大学道德发展研究院举办"新中国70年伦理道德发展的中国问题及其前沿理论"杰出青年学者智库论坛,与会青年学者都一致有这样的感触和体会。
② 黑格尔:《精神现象学(上卷)》,贺麟译,北京:商务印书馆,1979年,第7页。
③ 黑格尔:《法哲学原理》,范杨、张企泰译,北京:商务印书馆,1961年,第12页。

《原善》:"得乎生生者仁谓之仁,得乎条理者谓之智;至仁必易,大智必简,仁智而道义出于斯矣。是故生生者仁,条理者礼,断绝者义,藏主者智,仁智中和曰圣人。"(戴东原)

西方人追问"我从哪里来",从父母追问到亚当,从亚当追问到万物,从万物追问到上帝,循环无穷,强曰上帝。中国人不同于西方,"有天地然后万物生焉……有天地然后有万物,有万物然后有男女,有男女然后有夫妇,有夫妇然后有父子,有父子然后有君臣,有君臣然后有上下,有上下然后礼仪有所错"。我们不是要归结为"父子""万物"的具体实体,不是爷生父、父生子、子又有子无限循环,而是注重爷生父与父生子的"生生之道"。实体的追问必定陷入黑格尔式的坏无限,而"生生之道"将天地万物统摄于当下。不去追问谁是本原,而是说"父生子"与"爷生父"的那个"生生"之道才是本原。"有天地然后有万物""有万物然后有男女""有男女然后有夫妇"等等,它们之间的"生生"之道是一致的,才是本原。我们不去关注"上帝"本身,而是关注"上帝""生""万物"的那个"道",这个"道"是人之"德","明"这个"德"才能成为"人"。这个"人"显然才是真正意义上的"上帝"。在西方人看来,我们是不能成为"上帝"的,因为人是偶然的,上帝是永恒的。在我们看来是"明知不可为而为之",要用我们毕生"偶然"的时空去追问"永恒"的"上帝"生生之道。"明""明德",是至善,"止"于"至善",终生奋斗,"死"而后已。九鬼周造对《说卦传》中"观变于阴阳而立卦,发挥于刚柔而生爻,和顺于道德而理于义,穷理尽性,以至于命"的解读,更是明确指出,"无非是在主张偶然性的实践的内在化"①,中国哲学是一种"内在化"偶然性的哲学。

全球化、后现代、互联网时代的到来,是上帝出场、个体在场的时代。然个体若无上帝,则意义全失。道德偶然的生生之道,是"明""明德"的时代道德观,只有这样的"人"才是经过现代意义洗礼而进入后现代的"人"。后现代的人通过"明德",创造德性,"发现""未来",通过"明""明德",知道"我们的道德信仰无法建立在一个唯一的、无可争议的原则(上帝、自然、快乐、情感、理性等)之上"②,而这些本原性的"基础原理"只不过是某个时代具有偶然性的"定在"法则,只有"生生之道",才是真正的本原。"上德不德""最大的道德是没有道德",而是去理解产生"道德"的"生生之道",才是道德偶然时代的真正到来。

正如法国当代哲学家朱利安所追问的,站在当代世界中西文明对话的历史交汇点上,"如果不再从'存有本体'的认知角度去理解生活的话,我们如何着手对待生活呢?"换句话说,"如果因为我们一开始就身在'生活'里而与之没有任何距离的话,我们如何'触及'它呢?"③全球化的今天,我们不缺乏理论,也不缺乏知识,我们缺乏的是"触及""没有任何距离"的当下"生活"的共通的话语。罗蒂说:"有趣的哲学通常是一个根深蒂固但已麻烦丛生的语汇和一个半生不熟但隐约透露伟大前景的新语汇之间,或隐或显的竞赛。"④道德必然性话语在道德哲学中有根深蒂固的传统,但是现在"麻烦丛生",道德偶然性话语虽然"隐约透露",但是还看不到"伟大前景"。虽然道德偶然论还是一个"半生不熟"的理论,但是这场"有趣"的竞争已经登场。"内卷"的必然需要走向"开放"的偶然,厚德载物,生生不息。

---

① [日]九鬼周造:《九鬼周造著作精粹》,彭曦、江丽影、顾长江译,南京:南京大学出版社,2017年,第221页。
② [法]吕旺·奥吉安:《伦理学反教材》,陆元昶译,海口:南海出版公司,2017年,第2页。
③ [法]朱利安:《从存有到生活:欧洲思想与中国思想的间距》,卓立译,上海:东方出版中心,2018年,第5页。
④ [美]罗蒂:《偶然、反讽与团结》,徐文瑞译,北京:商务印书馆,2003年,第18页。

伦理前沿问题与道德发展

我们对绝症患者的责任

——契约主义与医疗协助死亡

李翰林*

摘　要：医疗协助死亡(medical assistance in dying,以下简称"医助死亡"),也称医生辅助自杀(physician-assisted suicide),是协助绝症患者死亡的程序。病人必须是晚期的绝症患者(这意味着他只有六个月或更短的生命),经受着难以忍受的痛苦,并坚持要死。① 本文所探讨的问题是,医助死亡在道德上是否被允许,以及它应否合法化,即那些寻求或实施这种程序的人应否免被起诉。道德的和法律上的允许性(permissibility)②两者密切相关。

一种支持医助死亡的论证如下：首先,一个病人有权拒绝连接救生设备,或者(如果已经被连接)有权终止连接③,因此,在病人同意的前提下,医助死亡与拒绝或者终止连接救生设备之间,并无相关的区别。这个论证基本上就是六位杰出的哲学家在"哲学家的诉讼要点"(the philosophers' brief)中所提出的(Dworkin et al.,1997)。然而,这个论证遭到了有力的批评(Kamm, 2013：46-9)。弗朗西丝·卡姆(Frances Kamm)指出,罗纳德·德沃金(Ronald Dworkin)等人所依据的普遍论断是错误的,此论断即"杀死"与"任其死亡"(letting die)之间并没有道德上的本质区别。这是因为病人即使在有损于其利益的情况下也有权拒绝治疗,否认这一点便等于强制治疗(而强制治疗是不可接受的);但我们不能说,病人在有损于其利益的情况下仍然有权选择医助死亡。这其中也涉及"双重效应原则"(doctrine of double effect)问题,根据这一原则,"有意导致死亡的行为"和"仅仅预见到会导致死亡的行为"之间存在道德上的区别。

在论文的第一部分,我会对声称禁止医助死亡却允许拒绝或者终止连接救生设备的"双重效应原则"提出反驳。我将作出以下论证：既然医生是允许给极度疼痛的病人处方吗啡,那么,医生也应该允许给同样处于极度疼痛的人提供这种药,尽管其意图是通过杀死病人而让病人从痛苦中解脱出来。我依据的是"意图与可允许性不相关"(the irrelevance of intention to permissibility)这一项原则,此原则由朱迪丝·汤姆森(Judith Thomson)和托马斯·斯坎伦(T. M. Scanlon)提出。论文的第二部分将讨论大卫·威尔曼(David Velleman)关于"结束生命在道德上不可被允许"的论证。在论文的第三部分,我会反驳一种基于希波克拉底誓言(Hippocratic oath)而反对医助死亡的看法。紧接着,我会在第四部分检视滑坡论证(slippery slope argument)的"理论版本",并在第五部分讨论滑坡论证的"实践版本"。在论文的最后一部分,我将讨论其他针对医助死亡合法化所提

---

* 作者简介：李翰林,香港中文大学哲学系、香港中文大学生命伦理学中心主任、教授。
　　本文由魏犇群译,译者现供职于中国人民大学伦理学与道德建设研究中心暨哲学院。
① 通常的做法是医生向患者提供致命药丸,但患者最终是否服用由他们自己决定。(这与安乐死不同,因为在安乐死的情况下,执行致命注射的是医生。)
② 我所说的"法律上的允许性",并不是指医助死亡是否得到了当前法律的允许,而是指医助死亡是否应该被法律允许。
③ 这一观点在"克罗伊诉密苏里卫生署"一案中得到支持,参见 *Cruzan v. Missouri Department of Health*, 147 U.S. 261 (1990).

出的反对意见(Arras, 1997; Emanuel, 1999; Steinbock, 2005)。我尤其将重点讨论及反驳伊齐基尔·伊曼纽尔(Ezekiel J. Emanuel)基于后果主义的论证。

本文将阐释斯坎伦的契约主义理论(contractualism)，并论证契约主义为我们在讨论医助死亡合法化的问题上提供了更好的基础。

关键词：医疗协助死亡；双重效应原则；意图与可允许性不相关；希波克拉底誓言；尊严；滑坡论证；基于妄用的论证；效益主义；后果主义；契约主义；斯坎伦；聚合

一、意图和可允许性相关吗？

"被动安乐死"①(passive euthanasia)这个名词适用于病人想要寻求死亡的多种不同案例：

（1）想要结束生命的病人遵从自己的意愿，拒绝任何治疗，任由病情自然恶化。（拒绝治疗案例）

（2）想要结束生命的病人遵从自己的意愿，终止连接救生设备。（终止治疗案例）

（3）想要结束生命的病人服用吗啡，因而会更早死亡。这类案例又可以进一步区分为：

（3a）想要结束生命的病人为了止痛而服用吗啡，并可以预见到他会因此而死亡。（医生预见到病人会死亡，但其开吗啡的目的不是要致死。）（预见有益死亡案例）

（3b）想要结束生命的病人为了尽早死亡而服用吗啡。（有意导致有益死亡案例）

在我看来，拒绝治疗案例(1)和终止治疗案例(2)，是无可非议的。在美国，法律规定，病人有权选择拒绝治疗，并且，即使已经被连接上救生设备，也有权选择终止连接②。更何况绝症患者，他们更应该拥有这些法律权利。还有，他们也应该拥有相关的道德权利，这一点是被广泛接受的。

"预见有益死亡案例"(3a)在法律上是允许的，也常见于临床实践，并被普遍认为在道德上是允许的。这是因为，相比一段较长却伴随着难以忍受的疼痛的人生，拥有一段较短但免于疼痛折磨的人生是更可以符合身患绝症病人的利益的③。其他同样紧迫的理由还包括自主性的丧失（例如罹患阿尔茨海默病的病人），参与享受人生的能力的减退，以及尊严的丧失。篇幅所限，本文只关注以"难以承受的疼痛"为理由而要求医助死亡的案例。

反对医助死亡的人认为，在(3a)，可以预见到病人会因用吗啡而死亡的情况下，医生向他提供吗啡，是无可非议的，因为提供吗啡的意图并不是要杀死病人。但在(3b)中，他们认为医生的意图便是要帮助病人了结生命。因此，医助死亡的反对者们将(3a)和(3b)区分开来(Finnis, 1999)④。他们的看法得到了"双重效应原则"的支持。双重效应原则有多种不同的版本⑤，但所有版本都有一个共同的特征，即在有意致死的行为和仅仅预见而非有意致死的行为之间，存在道德上的差别，而这种差别使得前者是不被允许，而后者则可能是被允许的。因此，双重效应原则被认为可以允许因（例如）服用吗啡而可预见到病人会因此死亡的情形，却不允许医助死亡。至少，如果双重效应原则是对的，在某些情况——在

---

① "被动安乐死"这个名词主要被哲学家所用；医生常说的"安乐死"等于哲学家所说的"积极安乐死"(active euthanasia)。
② 参见 Cruzan v. Missouri Department of Health, 147 U.S. 261 (1990).
③ 参见 Frances Kamm, "Four-Step Arguments for Physician-Assisted Suicide and Euthanasia", Bioethical Prescriptions (New York: Oxford University Press, 2013).
④ "有意导致其病人死亡"主要是描述执行积极安乐死的医生，而不是协助其自杀，因为在绝大多数的医助死亡案例中，拿到致命药物的病人会选择不服药(参见 Ganzini et al., 2000; Ganzini, 2001)。
⑤ 所有版本都包含以下要求：行事者必须将可预见的损害降到最低，并且被促进的良好目的的价值必须超过对预期损害的负值。所以，医生使用可能致命剂量的吗啡来缓解肾结石的疼痛是不允许的(MacIntyre, 2019)。

其他条件都一样的前提下——有意致死是不允许的,而仅仅预见到会导致死亡却可以使用是允许的。

朱迪丝·汤姆森和托马斯·斯坎伦也曾分别论证过,双重效应原则是不成立的。他们认为,某个行为是否在道德上被允许,这和行事者(the agent)的意图是不相关的①。例如,根据斯坎伦的论证,在一个虚构的自愿安乐死的例子中(斯坎伦假定自愿安乐死是可以被允许的),医生协助病人完成安乐死的行为是允许的,不论他这么做的主观意图是为了病人的利益,还是恰好出于私人恩怨而借机把病人杀死(Scanlon, 2008: 20-21)。虽然在这两个例子中医生的意图不同,但基于病人的自我决定及其渴望死亡的合理欲望,行为的允许性(permissibility)是一样的。假如,要求病人必须等待另一个拥有更好意图的医生来协助完成安乐死,这是很荒谬的(Scanlon, 2008: 21)。当然,不同医生的道德品格存在很大的差异,但这应该不影响他们按照规程来协助实施自愿安乐死的合理性(同上)②。

有一个理由可以支持斯坎伦和汤姆森的主张:一个行为在某种环境中是否被允许,只取决于是否存在支持该行为的理由,而理由来自该环境中的客观因素。这意味着,行事者的主观想法(包括其意图)与该行为的允许性是无关的③。因此,在战争时期,假如某位飞行员投下的炸弹不仅会摧毁(在敌方境内的)军事目标,还会导致平民伤亡,那么,我们不应该根据飞行员的意图,来判断其投掷炸弹的行为是否合理,而是只应该根据客观环境所产生的理由来决定投弹是否合理。

斯坎伦小心地为自己的主张提出了两个限定条件:第一,尽管事实并不必然如此,但"有意导致 X 的行为"通常比"仅仅预见到会导致 X 的行为"更有可能成功地导致 X。斯坎伦把这一点称为"意图的预测意义"(the predictive significance of intent)(Scanlon, 2008)。意图的预测意义虽然重要,但却是衍生的,并取决于一个行为对他人的影响。因此,在所有其他条件都相同的前提下,意图仍然不会影响到行为的可允许性。

第二,似乎确实存在行为意图可以影响到行为允许性的例子。试考虑以下这个例子:珍妮和玛丽分别去探望她们因病住院的爷爷,珍妮这么做纯粹是出于对爷爷的关心以及想让爷爷开心起来,而玛丽这么做只是想让爷爷觉得她也关心自己,从而多分一些爷爷的遗产。

珍妮探望爷爷当然是很好的。但玛丽的意图蕴含着欺骗,这一点会让我们反对她看望爷爷,甚至,在没有抵消的考虑的情况下(例如让爷爷开心),这一点可能构成不允许她去看望爷爷的决定性理由。在斯坎伦看来,玛丽也许不应该被允许去看望她的爷爷,那是因为她的行为违背了"不应该欺骗"的原则(Scanlon, 2008: 38-39)。如果是这样的话,玛丽的邪恶意图虽然有分量却纯粹是衍生性的,因为它违反了不要误导他人(和不要利用他人对我们意图拥有错误的信念)的道德原则。玛丽和珍妮的不一样,不只是意图,还有因为玛丽违反了另一个道德原则,而珍妮却没有违反任何道德原则。因此,这两个例子的比较并没有满足"所有其他条件都相同"这一条件。那么,意图是否会以一种更根本的方式影响到行为的可允许性呢?斯坎伦并不这么认为。

斯坎伦和汤姆森的观点可能有一点问题。试考虑以下三个例子:

例子1:某人开车蓄意撞倒某路人,路人随后死亡。(蓄意谋杀)

例子2:某人因被另一人(即受害者)挑衅而开车将其撞倒,被撞者随后死亡。(误杀)

例子3:某人因开车不小心而撞倒行人,行人随后死亡。(不小心驾驶导致他人死亡)

我假定,以上行为的道德严重性对应于其法律责任之大小④,而这些行为的区别是行事者的意图。

---

① 参见 Judith Thomson, "Self-Defense"; T. M. Scanlon, *Moral Dimensions*, Chapters 1-2.

② 斯坎伦认为:那个和病人有仇的医生,应该因为自己的恶意而认为自己的行为是不允许的。但这并不意味着他的行为确实不应被允许,而只是暴露了他自己的一个缺点(Scanlon, 2008: 16)。

③ 参见 Scanlon, 2008, Chapters 1-2。

④ 换言之,从道德上讲,这三个案例中最恶劣的情况就是蓄意谋杀,而最不坏的是不小心驾驶导致他人死亡。

例子1中的驾驶者行为最恶劣,因为他蓄意谋杀。例子2中的驾驶者行为没有那么恶劣,因为他的错误行为是被挑衅而引起的。例子3中的驾驶者完全没有杀人的意图,其行为由不小心驾驶所导致。

如果以上三种行为的恶劣程度是根据违法者的意图(或者无意图)来判定的,那么,汤姆森和斯坎伦的主张怎么可能是正确的?汤姆森和斯坎伦似乎并没有预见到这一反驳。然而,我相信,这正是为什么哲学家们没有足够认真地对待他们的主张的原因。(汤姆森承认,哲学家们没有足够认真地对待他们的主张①。)

我相信,即使意图不会影响行为的允许性(或者不允许性),我们应该承认意图确实会影响行为的恶劣程度。因此,如果我们要捍卫汤姆森和斯坎伦的主张,那么,我们就不能把它诠释成"行为的意图在道德上完全不相关"这样一个(错误的)观点。我认为,虽然行为的可允许性与意图在道德上并不相关,但它不仅与肇事者(或行事者)的道德品质相关,还与行为的恶劣程度相关。容我略加解释。

首先,我们必须意识到,一个行为的允许性要么全有要么全无(all-or-nothing),因为说一个行为在某种程度上是允许的,简直是令人匪夷所思。所以,蓄意谋杀和不小心驾驶导致他人死亡都是不允许的。但我们不能据此推论两者的恶劣程度一样,因为行为的严重性有程度之分,取决于肇事者行为的后果及其意图。虽然"蓄意谋杀"和"不小心驾驶导致他人死亡"在道德上都是不允许的,但两者的恶劣程度是不同的,因为谋杀者有意导致受害者身亡,而不小心的司机则没有(即使两个行为所导致的后果相同)。那些反对汤姆森和斯坎伦主张的人也许没有注意到这其中的复杂之处。汤姆森和斯坎伦反复强调,行为意图与行事者的道德品格相关。这一点我同意,但我已经论证过,意图也与行为的恶劣程度相关。

无论如何,汤姆森和斯坎伦的主张只是说,行为的意图与行为的允许性(或者不允许性)是不相关的,对于意图是否会影响行为的恶劣程度,则没有任何判断。只有意识到这一点,他们的主张才能得到证成(justified)和其他人的认可。

但这些与医助死亡有什么关系呢?根据汤姆森和斯坎伦的主张,如果两个行为之间唯一的区别是行事者的意图,那么,在所有其他条件都相同的前提下,这两个行为要么都是允许要么都是不允许的。如果病人身患绝症并且承受着难以忍受的痛楚,如(3a)案例中,可预见的导致病人死亡的行为(在病人多次强烈要求下),在道德上是允许的(这一点不应该有什么争议)。那么,在所有其他条件都相同的前提下,有意导致其死亡(3b)也是允许的②。但这并不意味着,这两个案例是同等程度的正确(或者恶劣),因为那将取决于意图。

如果我以上所说都是正确的,那么,下面的推论便是合理的:如果"预见有益死亡案例"(3a)是道德上允许的,那么"有意导致有益死亡案例"(3b)一定也可以是道德上允许的。这一点蕴含在汤姆森和斯坎伦的主张之中,而我认为汤姆森和斯坎伦的主张(在善意的解读下)是合理的、正确的。但这并不意味着这两类案例是同等程度的正确(或者同等程度的恶劣)。为了便于理解,请看下面这个例子:

> 某甲经营着一个生产厂房,这个厂房运作的副产品是一种足以致命的有害气体,并且甲是知道这一点的。某乙住在厂房附近,从厂房开张第一天他就开始抱怨自己突然有了头痛和过敏的症状。甲预见到,有害气体最终会导致乙死亡,而事实果真如此。(预见有害死亡案例)

> 和前一个例子基本一样,唯一的不同是甲憎恨乙,想乙死亡。甲怀着杀害乙的意图,在乙家附近建造了生产厂房(其副产品是足以致命的有害气体),结果毒气杀死了乙。(有意导致有害死亡案例)

---

① 汤姆森说:"我不清楚为什么人们没能把这一点认真对待。"(Thomson,1999:517)在她看来,那是因为人们认为,如果他们不接受双重效应原则,那么就必须接受效益主义。我认为她这个判断是错误的。

② 在写好这篇论文的初稿之后,我注意到汤姆森也曾用类似的论证来支持医助死亡。参见 Thomson,1999,514-518。但正如我在上述所说,我的论证比她的论点更站得住脚,因为她(和斯坎伦)都没有意识到:行动意图与行为的恶劣程度是相关的。

在这两个例子中,死亡对于乙来说都是一件坏事,因为死亡不符合他的利益,而且他并不想死。当然,这两个例子中,甲的行为都是不被允许的,但相比"预见有害死亡案例",他在"有意导致有害死亡案例"中的行为更加恶劣。我们可以把这一点推而广之:如果 X 是个坏结果,那么,有意导致 X 一般比仅仅预见到并让 X 发生更恶劣①。

这一点同样可以推广到好结果的情况:Y 是一种好结果,有意导致 Y 通常会比仅仅预见到并让 Y 发生更好。回想之前例子的珍妮,她因为关心爷爷而去医院探望他并让他开心起来。假设还有一个人,叫阿曼达,她去探望爷爷,并且仅仅预见到她的探望会让爷爷高兴。与珍妮不同,阿曼达并不关心爷爷。但也不同于玛丽,阿曼达并不关心她可以从爷爷的遗嘱中继承到多少财产。她去探望爷爷只是因为她空闲和无事可做。玛丽的探望违背了"不应该误导他人对于自己真实意图的了解"这一道德原则,因此她去探望爷爷可能是不允许的,而阿曼达的探望则没有违背任何原则。在所有其他条件都相同的前提下,从道德角度看,珍妮的探望比阿曼达的更好。

当一名身患绝症的病人不得不忍受着巨大的疼痛折磨,并且因此要求结束自己生命的时候,他选择死亡(可以)是理性并且符合他的利益的事。在这种情况下,帮助他达成目的(即结束生命)比让他自然死亡(即如同在拒绝治疗或者终止治疗案例中那样,任由病情自然恶化)更好。其中的一个理由是因为意图的"预测意义"和后果的考虑。假如意图这个因素保持不变,那么,任由病情自然恶化会给身患绝症的病人带来更多和更难以忍受的痛苦,因而也更加残酷②。

不仅如此,仅仅预见到一位(身患绝症、饱受煎熬、多次强烈要求医助死亡的)病人会死比有意协助他结束生命更糟糕。如上所述,假如死亡对于饱受病痛煎熬的身患绝症的病人是一种解脱,并且他想要解脱的话,那么,死亡对他就是有好处的,所以,在道德上,有意带来这种解脱就比仅仅预见到他最终会得到解脱更好。而且,相比仅仅预见到病人会死,有意带来死亡的解脱还有"意图的预测意义"。也就是说,如果医生有意协助病人解脱疾病的煎熬,而不是仅仅预见到其死亡(例如,"拒绝"和"终止"治疗个案),那么,病人将更有可能获得解脱的好处。

总结一下:我同意弗朗西丝·卡姆的看法,也认为拥有一个较短但没有病痛的生命,比拥有一个较长但要经受极度疼痛的生命更好。基于这一点,我认为医生应该被允许给极度疼痛的病人处方吗啡以缓解他们的痛苦,即使医生预见到病人的生命会因此而缩短。最后,依据汤姆森和斯坎伦的主张,行为的意图与其可允许性是不相关的,我进而论证,在所有其他条件都相同的前提下,医生也应该被允许给身患绝症晚期的病人提供吗啡,尽管其意图是让病人通过服用(过量的)吗啡来结束自己的生命。当然,我假定病人完全有能力自主地选择死亡。

但是,有人可能说,即使死亡符合(正在经受极度痛楚的)身患绝症病人的利益,病人主动结束生命是不允许的。接下来,我们就来讨论这个反驳。

二、尊严与生命的神圣性

有一种反对医助死亡的看法被称为"生命神圣观点"(the sanctity-of-life view),这一观点又分为宗教版本和世俗版本。其宗教版本的大意是这样的:"所有的生命都是上帝创造的,因而都是神圣的。只有上帝才有权剥夺生命。人类扮演上帝的角色,试图结束自己的生命,这是对上帝的僭越,因此是不允许的。"

对于这种看法,契约主义——尤其是斯坎伦提出的契约主义版本——有一个很好的回应。根据契

---

① 让 X 被动地发生可以包括(1)预见到某个无辜之人丧命的情况,或者(2)让其"顺其自然"(letting nature take its course)的情况。
② 考虑以下的情况:情况(1):在战场中,士兵瑞恩不幸被地雷炸伤,他的伤势非常严重,肯定会死亡。于是,瑞恩请求战友弗兰克把自己干掉,以减轻疼痛。弗兰克开枪杀死了瑞恩。情况(2)与情况(1)类似,瑞恩请求战友乔治把自己杀掉,但乔治拒绝了。结果,瑞恩忍受着极度疼痛在战场中躺了 24 小时才死去。很明显,情况(2)要比情况(1)更残忍。

约主义的主张,如果一个行为对受影响的每一个人都是合理或可以证成的话,则是允许的。并且,一个行为可否被证成,取决于没有人能提出合理拒绝(reasonable rejection)的理由(Scanlon,1998;Scanlon,2014)。不可拒绝的主张基于如下的思路:一项禁止某行为之确凿(valid)原则,必须是任何充分知情的人都无法合理拒绝的。关于上帝是否存在,或者哪一种具体的宗教观,一个没有宗教信仰的人当然可以和宗教人士产生合理的分歧。因此,没有宗教信仰的人可以合理地反对来自宗教信仰的"生命神圣观点"①。如果"生命神圣观点"对于所有人来说都具有说服力的话,它必须基于所有人都可以接受的原则,或者公共理性(public reason)②,而达致证成。

"生命神圣观点"还有一种非宗教的版本。让我们从康德开始讲起。康德认为,非人类的动物只有"价格"(price),是可以被替换(replaceable)的,但人类却因其理性本质所赋予的平等尊严而具有"价值"(worth),是不可以被替换的。康德还说,为了逃避痛苦的死亡而选择自杀的人是把自己仅仅当作纯工具来使用③。不过,康德并没有清楚地说明,为什么自杀的人一定仅仅把自己当作纯工具,而不是把自己当作工具。要知道,根据康德的术语,前者才是不被允许的,而后者是被允许的。

顺着康德的思路,大卫·威尔曼(David Velleman)构思了一个反对自杀和医助死亡的论证。威尔曼论证说,对于自杀和医助死亡一般的证成是基于两个原则。第一个原则是,我们"应该尊重个人对于自身福祉的判断"(Velleman,1999:607)。这个原则威尔曼是接受的。第二个原则是,"一个人有权,仅以他因此将获得的好处或他将避免的伤害为由,结束其生命"(Velleman,1999:608)。根据威尔曼的看法,我们应该尊重病人对于自己的疼痛有多么难以忍受的看法,也应该尊重他关于自己的生命是否值得过的看法。但威尔曼并不认为,由于自杀符合病人的利益,他的自杀行为就是可以被允许的。

威尔曼的看法基于如下的前提:任何一个人的利益之所以有价值,只是因为他是一个人,或者说只是因为他"有价值",而这意味着,"一个人是否有价值"这个问题并不取决于他自己的看法,因为这种价值并不是"对"他而言的利益或者价值,而是"存在于"他之中的、独立于利益的价值。这种所有人都具有的价值,就是尊严,它来自他们的理性本质,或者"人格"(personhood)。我们的尊严,或者说人之为人的价值,"是比任何体现了它的具体个人都更重要的东西"(Velleman,1999:612)。威尔曼进一步解释道:

> "对于一个人而言的价值"与"存在于这个人之中的价值"之间的区别,可以类比为工具价值与目的价值之间的区别:在每一对中,前者都是因为后者才值得关注。有条件的价值不可以与其所依赖的无条件价值相提并论。工具的价值无法遮蔽目的的价值,也无法被目的的价值所遮蔽,因为它在依赖于目的价值的意义上只是目的价值的影子。与此类似,符合一个人的利益的价值,只是存在于那个人之中的价值的影子,无法遮蔽后者或被后者遮蔽。

与"疼痛有多难以忍受"或者"人生是否还值得过"这样的问题不同,关于个人尊严的价值的问题,并不是那个人说了算。因此,"尊重一个人的自主性虽然要求我们尊重他对于自身利益的看法,但并不要求我们尊重他关于其尊严问题的看法"(Velleman,1999:612)。

在威尔曼看来,某人的利益之所以有价值,只是因为他(这个人)有价值,而这意味着我们必须预先假定他拥有尊严或者人格的价值。因此,自由主义的主张忽视了一种重要的价值,那就是尊严。尊严不仅超越利益,还是利益之所以值得考虑的先决条件。在决定是否选择自杀的时候,只考虑当事人自己的利与弊,这便遗漏了尊严这一极其重要的价值。而尊严是一种不可以与利益通约(commensurable)的

---

① 澄清一下,我的意思不是说宗教观点可以被合理地否定,而是说非宗教人士可以就上帝存在等宗教议题和宗教人士产生合理的分歧。

② 公共理由不诉诸宗教信仰或人们无法合理预期接受的价值。关于公共理性的重要讨论参见 Rawls,1993;Rawls,1999;Li,2020;Li,2021a。

③ 参见 Kant, *Groundwork of Metaphysics of Morals*, Allen Wood (ed.).

价值,它是利益(或者"相对价值")必须预设的"绝对价值"。

威尔曼相信,他的理论可以解释为什么那些为了钱而把自己当奴隶出卖的人侵犯了自己的人格。不仅如此,在他看来,以自己的生命不值得过为根据而想要结束生命的人,是在贬低人格的价值,就好像一个因讨厌自己,而主张反犹太主义的犹太人是在自我贬低一样。而且,鼓励不被允许的行为(比如自杀①)的人,实际上也在参与不允许的事情。

威尔曼承认,如果一个病人的理性能力在不断退化,那么,在某个时候,他将失去他的尊严,因此威尔曼的论证便不再适用于这个病人。在其论文的另一处,威尔曼甚至承认,如果病人"真的遭遇了难以忍受的疼痛",那么,"难以忍受的疼痛便不仅摧毁了他的利益,而且摧毁了他……如果他的疼痛真的难以承受,那么他便不再拥有理性的自我,也就是说,他被疼痛瓦解了"(Velleman, 1999: 618)②。

威尔曼的论证是不能成立的。第一,根据他的看法,一个人的利益之所以有价值,只是因为他的尊严(或者理性本质)有价值。由此我们可以推出,人类以外的其他动物(例如狗)的利益没有价值。康德生活在进化论提出之前的时代,确实相信这样的结论。但这种看法非常违背我们的直觉。现在我们已经知道,我们与其他动物并没有太大的分别,因为其他动物在某种程度上也拥有理性,还拥有一些与人类相似的心理属性。

威尔曼的论证在另一方面也偏离正轨。尊严在伦理学中应该扮演怎样的角色?尊严所扮演的角色,可以被理解为相当于"固有价值"(inherent value)或者道德地位(moral status)③。当我们在权衡自己和其他人之间的诉求,或者在权衡人类的和动物的利益的时候,我们需要一种比较这些诉求(或者利益)的方式。我们需要思考,究竟应该怎样去决定人类的和动物的利益有多大的道德权重④。

此外,假如我们把"存在于一个人之中的价值"理解为道德地位,它就是一种更接近于资格(qualification),而非不惜一切都必须保护的内在价值,那么,威尔曼就不可推论出"一个人不允许为了活得更好而去缩短自己的生命"这个结论。

"人本身就是目的"这一康德主义原则可能意味着人的生命拥有价值,甚至(在大多数时间)拥有很大的价值,但人的价值不可以等同于其持续存在的价值。而且,即使人的尊严意味着个体生命的巨大价值,意味着生命不可被轻易牺牲,但拥有尊严是人的理性本质,即一个人主导自己生活的能力,那么尊重一个人的尊严必须尊重他对于自己的身体和生命的自主选择。一个人因为余下的悲惨生命有辱于其人格而选择去死,这正是出于其理性本质的自主选择。我们应该尊重他的尊严,所以我们也应该尊重他的这一选择⑤。

与威尔曼的论点相反,如果一个人不得不面对"极度的痛苦直至死亡"和"提前结束生命"这两个选项,这时,剥夺他结束自己生命的选项便是剥夺他的尊严。因此,威尔曼反对自杀和医助死亡的论证难以令人信服。

三、希波克拉底誓言

医助死亡的反对者经常提出的另一个论证,是基于医生们都曾宣誓服从的希波克拉底誓言

---

① 威尔曼认为,即使很多地方在法律上都允许人自杀,但自杀在道德上仍然是不允许的。
② 威尔曼进一步解释道:"我并不认为,在这些情况下,为病人争取更大的自我决定权对他是件好事。他可能确实拥有被协助自杀的权利,而他当然也必须参与相关决定的讨论。但我们要记着,当病人命不久矣之前——即其自主性还没有处于衰微的状态,其自我决定权也更像一种模糊的假定而非清楚的事实时——他的自杀决定将会是不成熟的。"这个解释令人费解。
③ "固有价值"和"道德地位"分别是 Tom Regan 和 Mary Ann Warren 提出来的。参考 Regan (1983) 和 Warren (1973)。
④ 多数非人类的动物(特别是哺乳动物和鸟类)都拥有道德地位,虽然其道德地位不及人类。更合理的说法是,人类拥有最高的道德地位,其次是类人猿,接着是其他哺乳动物,然后是鸟类、爬行动物,等等。关于这点,可参拙作(Li Hon-Lam)"Towards Quasi-Vegetarianism"和"Animal Research, Non-vegetarianism, and the Moral Status of Animals—Understanding the Impasse of the Animal Rights Problem"。
⑤ 我要感谢艾伦·伍德(Allen Wood)在这一段中提出的想法。

(Hippocratic oath)的事实,因为誓言禁止他们有意杀死任何病人。根据这个论证,参与医助死亡意味着一个医生要杀死病人,或者参与杀死病人的活动,而这是不允许的。

我们须注意,希波克拉底誓言有多个不同的版本。一个版本说医生一定不能杀死自己的病人,而另一个版本却说医生一定不能伤害病人或者违背病人的利益。如果死亡可能在有些时候符合病人的利益,那么医助死亡就没有伤害病人。因此,参与医助死亡的医生并没有违反希波克拉底誓言。此外,在某些情况下,例如在罹患运动神经元病的英国人黛安·普雷蒂(Diane Pretty)的案例中,协助病人自杀的可以是病人的配偶或者其他至亲,而这些人并没有立过希波克拉底誓言,也不会受希波克拉底誓言的约束。

然而,这个诉诸希波克拉底誓言的论证的主要问题是把事情本末倒置。试考虑以下两种可能性:(1)我们应该遵守一些规则并受其约束,是因为那些规则是好的规则吗?或者(2)我们应该遵守规则,是因为我们许诺过要遵守它们?我认为(1)才是正确的,而医助死亡的反对者则认为(2)是对的。(1)与(2)之间的区别是实实在在的。如果有一天我们发现我们的规则并不完美,同时发现现实中存在一些之前无法预见——规则也无法适用的情况——那么我们就应该改变规则。这一点是与(1)相容的。但假如(2)是对的,那么我们就必须坚守原来的规则,即使出现了之前无法预见到的情况——换言之,即使我们之前能够预见到这些状况,我们当时一定会改变规则。这是极不合理的,因此,我认为(2)是难以信服的。

试考虑以下的情景:你一直都是一个非常诚实的人,因为你从小就被父母和老师教育要做诚实的人。有一天,你看到一个歹徒,手持砍刀,怒气冲冲地四处搜寻你的邻居艾琳。他突然把你拦住,想要从你那里知道艾琳的下落。你意识到,如果你告诉他艾琳在哪,他很可能会把艾琳杀掉。假设你真的知道艾琳在哪,这时你应该把事实的真相告诉那个歹徒吗?抑或,这时候你不讲真话是允许的?很明显,在这种情况下,不向歹徒讲真话是允许的,甚至是你的义务。因为当父母和老师告诫我们要做一个诚实的人的时候,他们并没有想到有这种情况。

根据法律规定,合同中都有"隐含条款"(implied terms)。如果你从商店里购买了一些水果,拿回家发现它们都腐败变质了,你可以退货吗?当然可以。因为,假设你在购买水果时问店员"如果这些水果不能吃,可以退吗",他肯定会回答"可以"。"店里卖的水果可以吃(或者可以售卖)"是在该商店购物时的隐含条款。

与此类似,假设约翰许下诺言,要在苏菲30岁生日那天,也就是1914年7月30日,请她到萨拉热窝的大餐厅庆祝生日。然而,就在苏菲30岁生日的前两天,第一次世界大战爆发了。那时,约翰仍然有义务赴约吗?当然没有,因为许诺带来的义务不是绝对的。换一种方式说,隐含条款或者"不可抗力条款"(force majeure clause)解除了约翰的义务。

四、滑坡论证——理论版本

对于医助死亡合法化的一个重要反驳是所谓的滑坡论证(slippery slope argument),此论证又可分为理论和实践两种版本。其理论版本可以表述如下:如果存在协助自杀的权利,那么为什么把这一权利只限于忍受着无谓痛苦的身患绝症的病人使用?为什么不把"积极安乐死"扩展到那些因虚弱或残疾而无法自行服药自杀,因而祈求医生为他们注射致命药物的身患绝症的病人?为什么不把协助自杀扩展到没有得绝症,但仍将忍受数年的身心痛苦、瘫痪或者生活不能自理的人?最后,为什么不把协助自杀的权利扩展到任何想要结束生命的人:例如一个因为单恋感到沮丧而要寻死的17岁少年(Dworkin et al.,1997)。这个论证试图表明,如果法律允许协助自杀,那么,在应该被合法化的医助死亡案例和不应该合法化的案例之间,并不存在自然的或非任意的界线。

滑坡论证的理论版本可以这样来理解:首先,并不是所有的医助死亡案例在道德上都是对的,并且,在道德上,"对"的案例与"错"的案例之间没有清晰的界线。然而,法律必须明确严格地区分什么是被允许,什么是被禁止的,否则人们就不知道如何遵守法律。而颁布人们不知道如何遵守的法律本身就是不正义的。因此,如果在允许的医助死亡案例和应该被禁止的案例之间不存在清晰的界线,那么,法律就必须禁止或允许所有的医助死亡个案。如果这是唯一的选项的话,那么很明显,所有的医助死亡都应该被禁止。

然而,这并不是一个好论证。它假定如果在道德上"对"与"错"的医助死亡案例之间没有清晰的界线,那么法律就无法区分应该允许的和应该被禁止的案例。但事实并非如此。法律不会也不能把所有的道德错误定罪。基于很多合理的考虑,法律无法把所有的道德错误都定为不合法。与此同时,法律必须禁止某些不是不道德的行为①。在医助死亡的案例中,法院应该尝试确定一系列道德上允许的医助死亡案例。尽管这么做可能会耗费很长的时间,但这也比把医助死亡一律定性为非法要好(Dworkin et al., 1997)。只要清楚地标示出显然是允许的医助死亡案例就足够了。我们并没有必要把所有道德上允许的案例都包括在内。

五、滑坡论证——实践版本

实践版本的滑坡论证可以简述如下:在某个社区中,如果某种做法(A1)是被允许的,那么,事实上,A2便会发生,而这又会导致 A3 发生,也许还会导致 A4 发生。假定 A2,以及(尤其是)A3 和 A4 都是很糟糕的结果,那么,在得到经验证据支持的前提下,我们就有理由反对在这个共同体中将 A1 合法化。支持这个论证的人认为,如果将医助死亡合法化(A1),那么,自愿安乐死迟早也会被合法化(A2)。非自愿安乐死(nonvoluntary euthanasia)(A3),甚至反意愿安乐死(involuntary euthanasia)(A4),最终都会被合法化。在滑坡论证的支持者看来,自愿安乐死是坏的,而非自愿安乐死和反意愿安乐死更是绝对不可以接受的。因此,他们认为,医助死亡不应该被合法化(Div. of Medical Ethics, 2001)。

与理论版本的滑坡论证不同,实践版本的滑坡论证不是一个先验的论证,而是依赖于经验上的数据。虽然理论版本涉及不合逻辑的推论,但是,在抽象的层面上,实践版本对于某个社区来说,真的可能是一个问题。例如,由于二战时期纳粹对于犹太人的大屠杀,多数德国人都反对自愿安乐死。这是可以理解的。然而,德国人并没有那么反对医助死亡(Battin, 1991)②。此外,即使自愿安乐死在德国是被禁止的,这也推不出荷兰也应该禁止自愿安乐死的结论,因为两国代表着两个不同的社区,其历史、文化、传统都不同。

实践版本的滑坡论证是否具有说服力,乃取决于是否有足够的经验证据来支持它。史蒂芬·史密斯(Stephen Smith)在研究了荷兰以及美国俄勒冈州的经验证据之后得出结论:在这些地方,并没有足够的证据可以表明,真的存在实践版本的滑坡论证所声称存在的因果链条③。

六、妄用以及其他糟糕后果

虽然我们并没有先验的方案来应对实践版本的滑坡论证,但这并不意味着我们必须放弃一切旨在达到合理结论的努力。我们应该考虑对医助死亡各种猜测性的反对意见。

在医助死亡已经被合法化了的区域(例如俄勒冈州),病人必须被诊断为"绝症的晚期"(即生命只剩下少于六个月的时间)才能适用医助死亡。根据一项研究发现,有大约 38% 的受访医生表示,自己"完全没有信心"或者"只有一点信心"诊断出"一个病人余下的生命不到六个月"(Ganzini et al., 2001)。但

---

① 在后一种情况下,检方的酌情权和法官良好的量刑判断,在一定程度上可减轻道德上清白与法律罪责之间的差异。
② 医助死亡于 2015 年 11 月 6 日在德国合法化了。
③ 对于相反的经验观点,请参阅 Div. of Medical Ethics, 2001。有关支持医助死亡合法化的哲学观点,参见 Benatar, 2011。

我们不能仅仅因为存在误诊的风险,就得出应该禁止医助死亡的结论。原因之一,是同样的误诊风险,也会出现在决定终止连结救生设备的病人身上。我们当然不能因为误诊的风险,就禁止患者终止生命的支持(Dworkin et al.,1997)。

对于医助死亡合法化的一个很常见的反驳是这样的:虽然在某些情况中,医助死亡在道德上是可以允许的,但如果把它合法化则伴随着某些风险,而那些风险似乎超越可能的收益(Arras,1997;Emanuel,1999;Steinbock,2005)。这里所说的"收益",指的是如果医助死亡合法了,那么饱受(无法有效缓解的)病痛煎熬的身患绝症的病人将得到解脱。伊齐基尔·伊曼纽尔列举了几种风险(Emanuel,1999):第一,医助死亡或者安乐死会危害到医疗从业者的职业感,因为有25%的医生在实施完医助死亡或者安乐死之后都会感到后悔,觉得自己像一个"刽子手"。但这表明,仍然有75%的医生在做完这些操作之后,不会有心理上或者情绪上的困扰。此外,这些调研结果还必须与另外一项因素做比较:就是撤回救生设备如何困扰这些医生。只有这样做,我们才知道这个"后悔感"的现象,是不是对于实施医助死亡的医生来说是一个特别的问题。无论如何,如果愿意实施医助死亡的医生在决定是否操作之前,需要得到心理学家的辅导。那么,心理困扰的问题就应该会得到一定的缓解。

如果医生向其病人谈起有关医助死亡的话题,这会给病人带来"心理焦虑"。我认为我们可以用以下方法解决这个问题。如果医助死亡被合法化了,医院需要让符合条件的病人知晓这一选项,也许是通过资讯会议的形式,因为病人有权知道医助死亡,也有权不选择医助死亡。任何试图强迫或者误导病人采取医助死亡的人都应受到法律的制裁。任何试图逼使病人死亡的行为,无论这样的压迫来自医院,还是来自病人家属,国家应该立法禁止并将其列为犯罪行为。除非病人自己首先提及医助死亡的议题,否则医生应该被禁止向个别病人提及医助死亡的话题。最后,法律还应该要求两位非主治医生核准医助死亡(Dworkin et al.,1997),这样做的一个作用是防止医助死亡的妄用(abuse),另一个作用则是把那些并不是真正想死的病人筛选出来。

还有一个风险与以下这个担忧相关:虽然医助死亡应该是"退无可退"(last-ditch)的最后干预,只有当所有合适的治疗手段都尝试过后才有理由使用,但医助死亡仍然会在所有医疗措施都试过之前而被使用(Emanuel,1999)。不过在荷兰,每三个申请医助死亡或者自愿安乐死的请求中,就有两个申请者撤回申请,常见的理由是:病人得到痛楚缓解措施(palliative care)的有效干预(Ganzini et al.,2000:562)。因此,上面所担忧的情况并没有在荷兰发生。甘齐尼(Linda Ganzini)还发现,在俄勒冈州也没有证据能够表明,有医生曾给晚期病人开出致命的药物以替代痛楚缓解剂(Ganzini et al.,2000:563)。恰恰相反,"有尊严的死亡法案"(Death with Dignity Act)在俄勒冈州的执行经验告诉我们,医生一般更能意识到病人对于痛楚缓解措施的需要,并因此使得病人的痛楚得到了更有效的缓解药物。根据一项研究,"申请致命药物处方的请求,医生们只批准了其中的六分之一,而这些被批准的案例中,只有十分之一最终真的导致自杀。实质性的缓解干预使得某些病人——但不是全部——改变了自杀的想法"(Ganzini et al.,2000;Ganzini et al.,2001)。

最后,经常被用来反对医助死亡的一个理由是这样的:身患绝症的病人——尤其是那些来自贫困家庭的患者——会在外部的压力下而被逼选择医助死亡,因为他们的死亡可以缓解其家庭(因为他们的病而造成)的财务和照顾的压力。但伊曼纽尔自己承认,目前并没有确切的数据能够表明有多少人是迫于家庭的压力才选择医助死亡的(Emanuel,1999:637-638)。此外,如果这样的压力真的存在,病人应否寻求其他的方式结束自己的生命呢? 一个选项是彻底拒绝救治,而另一个选项则是终止连接救生设备。这两个选项都比医助死亡更残忍,因为死亡过程中的疼痛因时间的拖延被大大增加了[①]。例如,86岁的

---

① 参见 Battin,1991。

英国人让·戴维斯(Jean Davis)饿死了自己,她形容自己的经历"无法忍受",但这却是她在英国合法死亡的唯一途径①。最后,如果医助死亡没有合法化,绝症患者可以选择终末镇静的方法(terminal sedation),这一方法在很多禁止医助死亡的国家里都是合法的。但很多病人实际上更想选择医助死亡,而不是终末镇静,因为后者只是无谓地拖延了死亡的过程,即使这种拖延是在病人失去意识或者无痛楚的情况下进行的②。

尽管被逼选择医助死亡的风险是存在的,对付这一风险的最好方式并不是禁止医助死亡,而是把那些不仅处于绝症的晚期,而且正承受难以忍受病痛煎熬的患者与以下三种病人区别开来:(1)那些既不是绝症晚期,又不是承受着难以忍受痛楚的病人;(2)那些处于绝症晚期,但不是承受着难以忍受痛楚的病人;(3)那些不是绝症晚期,但正在承受着难以忍受痛楚的病人③。自医助死亡在俄勒冈州被法律允许以来,只有六分之一的申请医助死亡的病人获得批准接受它(Ganzini et al., 2000)。筛选的第一步便是确认不仅处于绝症晚期而且正在承受难以承受疼痛折磨的病人,只有这样的病人才会被允许接受医助死亡。

还有,虽然法律必须是具有普遍性的,但这并不意味着法律无法以一种复杂精细的方法区分出各种不同的情况。例如,证据法一般都不会把传闻证据(hearsay evidence)作为刑事诉讼的有效证据。但这一项法律是有例外的,例如被告的招认,而招认又是有例外的,招认如果是执法人员通过暴力或者引诱的手段获取的,招认则不能作为证据。另一个例子是关于堕胎的法律。在很多司法辖区,如果妊娠危及母亲的生命,那么堕胎便是允许的,但是,晚期流产一般都是被禁止的。

七、后果主义 vs.契约主义

伊曼纽尔论证说,如果我们比较一下因医助死亡而受益的人数与因医助死亡而受害的人数,那么我们并不清楚是否有更多的人从医助死亡中受益(Emanuel, 1999)。根据他的估算,美国每年有230万人死亡,而能够从医助死亡中受益的最多有25 000人。在他看来,这些好处,很可能会被(1)医助死亡给其他患者带来的心理困扰和(2)不确定数量的绝症患者遭受压力而要求医助死亡所抵消(Emanuel, 1999:640)。因此,他认为,关于医助死亡的争论浪费了我们太多的时间和精力,应该马上停止争论,把时间和精力放在更加有用的事务上面。

伊曼纽尔的看法涉及两个问题:第一,如果我们根本就不知道有多少人会因为受到胁迫而选择医助死亡,伊曼纽尔如何能够知道医助死亡的好处会被其坏处所抵消?第二,伊曼纽尔的思考方式似乎属于后果主义(consequentialism)或者效益主义(utilitarianism)。毫无疑问,后果很重要。但如果说后果是在道德上唯一相关的考虑,则是难以置信的。基于斯坎伦提出的契约主义(contractualism),我将提供一种不同于后果主义的方式来讨论这个议题。

契约主义提供了一种具有吸引力的道德愿景,不同于效益主义或其他后果主义理论,也不同于纯粹的义务论理论。它主要针对的对象是效益主义,因为效益主义是一种聚合(aggregative)理论。假设我们可以挽救一个人的生命或者减轻大量——例如1 000万人——(相对轻微)的头痛,但不能两者兼而有之。我们应该帮助谁?很明显,答案应该是挽救一个人的生命。如果这是正确的话,那么,通过聚合相对微不足道的效益,然后确定它们比一个人的生命更重要,便是一个错误的想法。然而,效益主义者会做出这样一个令人反感的结论,即如果头痛数量足够多,我们应该减轻头痛,而不是挽救生命。

---

① "戴维斯于2014年10月1日在她停止进食五周后和决定停止饮水两周后去世……她向《星期日泰晤士报》讲述了她的经历:'这是地狱。我不能告诉你这有多难。除非你认为自己的生活会如此糟糕,否则你不会做出决定。这是不能容忍的。'(Alexandra Topping, "Assisted Dying", *The Guardian*, 19 October 2014). https://www.theguardian.com/society/2014/oct/19/right-to-die-campaigner-starved-herself-jean-davies)

② 参见Benatar, 2011。

③ 卡姆认为,即使病人并非患绝症,如果他正在经历难以忍受的疼痛时,他也应该被允许接受医助死亡。参见Kamm, 2013。

那么，什么是契约主义？理解契约主义的最佳方式是把它视为一种可以取代效益主义的道德理论。规范效益主义(normative utilitarianism)，作为一阶(first-order)道德理论，蕴含着很多直觉上难以接受的道德结论。例如上面的"头痛"案例，规范效益主义就得出一个绝大多数人都认为难以接受的结论①。契约主义者则相信，通过聚合相对微不足道的效益，把它压过一个重要的诉求（例如求生的诉求）以达到效益最大化的目的是不能接受的。因此，效益主义和契约主义的不同之处在于各自对待聚合(aggregation)的不同态度。分散的、相对微不足道的效益累积起来可以压倒一个相当重要的诉求吗？效益主义认为可以，契约主义则认为不可以。

八、契约主义：理论

规范效益主义尽管会产生很多违背直觉的结论，它仍然有很多支持者。根据斯坎伦的观察，这是因为规范效益主义的基础——即"哲学效益主义"(philosophical utilitarianism)——具有吸引力。哲学效益主义是关于道德主题的后设或二阶(metaethical or second-order)伦理学主张。根据这一主张，唯一的基础性道德事实是关于个人福祉(well-being)的事实。斯坎伦认为，为了驳斥规范效益主义，我们必须提供一种更加合理的二阶、后设伦理学理论来削弱哲学效益主义的吸引力。斯坎伦的契约主义便是这样一种理论。作为二阶或后设伦理学理论，契约主义告诉我们，一个行为"对"与"错"的意义是什么：如果某一行为是被一项任何人都无法合理地拒绝的原则所禁止，那么，该行为在道德上就是错误的②。尽管契约主义是二阶伦理，它也有规范（或一阶）的涵义。

根据契约主义理论：某个行为、政策或者法律可以被允许，当且仅当它对受其影响的每个人来说，都是可以合理接受的。契约主义还提供了一套对于什么才能算作合理的理据。如果某个行为、政策或者法律把某人仅仅当作纯工具，那么它就不可能是一个合理的理据。契约主义要求理据必须基于"没有人可以合理地拒绝"这项大原则。而"效益最大化"(utility maximization)就不一定可以作为正当理由。契约主义可以确认后果的重要性，但会否认后果是唯一相关的考虑。诸如公平、正义以及"负面应得"③(negative desert)等考虑因素同样是相关且重要的④。

契约主义是如何运作的呢？假设我们想知道某行为 A 在特定的情况下是不是被道德允许。我们需要先搞清楚，是否存在一项"没有任何人可以合理拒绝的原则"，而该原则禁止在上述的情况下做出 A 类的行动。假如存在这样的原则，那么，A 便是不被允许的⑤。

---

① 效益主义者能够避免接受这样违背直觉的结论吗？他们可能会说，一个人的生命具有无限的效益，再多的人的轻微头痛加起来也不可能压倒一个人的生命。然而，生命无法具有无限的效益，除非(1)生命的每一时刻都具有无限的效益，或者(2)生命中某个有限的时刻蕴含着无限的效益。但是，这两种说法都不合理。

② 参见 Li, 2015：178-180；Li, 2017：159-163。

③ 对于负面应得的讨论，请参见 Li, 2015：183-197。

④ 有人可能提出异议：立场冲突的两群人似乎都可以合理地拒绝对方的立场。假如这个说法是对的话，那么关于一个富有争议的问题，支持者和反对者都可以合理地拒绝对方的观点。但我认为，这一反驳意见是错误的。契约主义以道德实在主义(moral realism)为基础，根据道德实在主义，一阶道德命题要么是对的，要么就是错。假如契约主义基于相对主义，那么便会产生不同的结果。（参见 Scanlon, 2014a, Chapters 1-2, 4。）这意味着，对于富有争议的问题，对立的双方不可能都是对的。因此，即使他们各自看起来好像可以"合理地"拒绝对方的原则，但他们不可能都是合理的。

⑤ 参见 Scanlon, 1998：201。我们可能需要逐一考虑原则，而原则的数量是不确定的。在遍历各种原则时，我们如何知道一项原则是否可以合理地拒绝？根据斯坎伦的看法，每一项原则都是"关于各种行动理由(reasons for action)的地位的普遍结论"(Scanlon, 1998：199)，并不是所有的理由都有分量(weight)。首先，理由必须是"通用理由"(generic reasons)，即基于人们在某些情况下一般需求的资料所产生的理由，而不是基于（我们通常并不掌握的）详细和特定的资料(Scanlon, 1998：204)。之所以如此，是因为我们希望以抽象的方式来解决对与错的问题（因为受影响的个人的特定身份是不相关的）。（请注意，这种对抽象要求的关注，并不意味着行为发生的实际情况，与确定一项原则是否可以合理地拒绝在道德上是不相关的。）其次，通用理由必须是"个人（通用）理由"，这"与某些处境的个人诉求和身份有关"(Scanlon, 1998：219)。非个人的理由——例如与树木、自然奇观、非人类动物有关的理由，只要不影响个人的福祉——与个人的要求无关，所以不属于契约主义的范畴，即不属于"我们对彼此负有责任"(what we owe to each other)的范围(Scanlon, 1998：219-220；Li, 2015：279-280；Li, 2017：161)。

要诉诸个人(通用的)理由,我们首先需要知道,某个原则 P 如何能对不同个人的广义福祉产生影响[1]。然而,斯坎伦理解福祉的方式,与效益主义和福利主义(welfarism)的理解是很不一样的。"因为受到某项原则的'影响'而产生的理由,并不局限于与某人福祉相关的理由"。例如,一个人希望能够"通过自己的选择,来确定某些结果是否可能出现[2]"。再者,有一些理由产生自某类行为被普遍允许之后所带来的有害影响。例如,在破坏环境的事例中,"单个(破坏环境)的行为本身所造成的危害可能没有人会抗议",但考虑到这类行为被普遍允许之后而产生的糟糕后果,单个破坏环境的行为仍然是不可被允许的[3]。还有,个体反对某原则的根据还可以是:该原则不公平,不正义,或者存在作弊[4]。因此,如果某些原则违背了公平、正义、"应得"或者其他义务论原则的考量,那么这些原则应该被搁置。

九、契约主义:影响

上文提到的"头痛"例子,我不再重复。但很明显,效益主义导致一个难以让人接受的结论,而契约主义则可以。现在,试考虑一个真实生活中的例子,这个例子可以用来反对效益主义,并且支持契约主义。在香港特区(我推测,在世界上很多地方都是如此),任何一所学校都必须向残障人士开放,除非这样做会给学校造成"不合理的困难"(unjustifiable hardship)[5]。假设有一所中学,总共有 800 名学生,其中一名学生是需要使用轮椅的残障人士。为了保证她顺利完成学业,学校额外花费了一些资源,而那些资源可以用于很好地改造学校的图书馆。进一步假设,如果这所中学不录取这名学生,她将无学校可上。效益主义者会说,如果不录取这名残障学生可以把整体的效益最大化,那么,不录取她是允许的,甚至是必须履行的。效益主义认为,我们只需要看"整体利益"(collective utility),而这名残障学生的困境,可能被因为其他所有学生得到的好处(即一个更好的图书馆)所抵消,甚至超越。所以,根据效益主义,优化图书馆(比起让这名学生入学)可能是更重要的。

然而,我们会认为,不录取这名学生就是剥夺了她接受教育的权利[6]。那么,我们便需要一个富有启发性的道德伦理,去提供一个具有说服力的解释。契约主义认为,把这名学生排除在录取范围以外,不可能与香港特区现有的反歧视政策相吻合。那么,什么理论可以为这个政策证成或辩护呢?

契约主义理论可以胜任这一任务。根据契约主义,把这样一个学生排除出录取范围之列,无法对她提出合理的证成。因为她由此而陷入的困境超过了任何一位其他学生所遭受的损失。契约主义者还可以说,她的残疾并非应得而是由"残酷的厄运"(brute bad luck)所导致的。社会应该在可行的范围内尽量改善她的处境,纵使这样做不会使得整体的效益最大化。契约主义要求给身患残疾的孩子提供具有平等机会的公平竞争环境。与此相比,效益主义者似乎只能坚持这样的观点:有时候正确的决策确实会与我们的道德直觉背道而驰,而拒绝录取残障人士有时候是对的。

十、契约主义与医疗协助死亡的关系

上述论述和医助死亡有什么关系呢?效益主义者会说,我们应该比较以下两类人累加的整体福祉:(1)因医助死亡合法化而受到负面影响的人(例如那些会被逼接受医助死亡的病人),以及(2)从医助死

---

[1] 参见 Scanlon, 1998: 206-17, 229。从广义上讲,福祉包括公平、公义等。在其他地方,斯坎伦明确指出,"契约主义并不是基于以下的想法,即存在一个'基础层面'的正当理由,在这个层面上,只有(狭义上的)福祉……要紧,而福祉程度的比较,是评估拒绝有关权利原则的合理性的唯一依据"。
[2] 参见 Scanlon, 2014b: 6。
[3] 参见 Scanlon, 2014b: 7。
[4] 参见 Scanlon, 1998: 206-217, 229。
[5] 参见香港特别行政区的《伤残歧视条例》。
[6] 我假定儿童受教育的权利是取决于他们所处的社会环境。例如,当今社会的儿童享有受教育的权利,而五个世纪前的某些落后社区的儿童很可能就没有任何受教育的权利。

亡中受益的人。这有什么错吗？

首先，仅仅计算因为医助死亡而受害和受益的人数当然是不对的①。就算是效益主义者也不会只计算人数。其次，"头痛"的例子告诉我们，众多相对微不足道的好处累积起来，也不能压倒一个实质性的重要诉求(claim)。我们不知道有多少病人会被逼接受医助死亡，也不知道有多少病人会因为医助死亡而受益。如果两者人数相同，那么，"无须忍受难以承受的、无谓的且看似无休止的病痛折磨"所带来的好处，显然要比"屈服于家庭或医院的压力或因道德的考量，而接受医助死亡"所带来的烦恼更重要。毕竟，病人应该可以顶住家庭或医院的压力，也不应该认为自己有道德责任了结生命。

向老年人施压，要求他们选择医助死亡的做法，刑事法律是可以加以制止的。各种教育和沟通可以保证病人知晓自己的权利，让他们知道自己没有义务提早离世（以减轻家人或国家的负担）。另外，筛选机制可以把真正需要医助死亡的病人和因为受到家庭或医院的压力而想要医助死亡的病人区分开来。有了这些措施，出于非自愿而选择医助死亡的病人应该会很少。

为了论证下去，让我们假设，被逼接受医助死亡的病人在数量上超过了从医助死亡中受益的病人，前者是后者的5倍。在这种情况下，我们是否应该禁止医助死亡呢？让我们假设制裁向病人施压的法律、各种教育、沟通以及筛选环节都在起作用。这时问题就变为：（1）那些原来不要医助死亡，但假如医助死亡合法的话便感受到（家人、医院或道德的）压力去选择医助死亡的病人，是否可以合理地拒绝医助死亡的合法化，以及（2）忍受着无比疼痛折磨的绝症病人，是否可以合理地拒绝对于医助死亡的禁令？如果真的有很多病人被逼要求医助死亡，这很可能是因为我们的法律、教育、沟通以及筛选环节存在很大的问题。

假如那些问题都得到了有效的解决，一个因为不想加重家庭负担而假装自愿接受医助死亡的"替家人着想"的病人，可以合理地拒绝医助死亡的合法化吗？我认为不可以，因为该病人他在很大程度上是自愿选择医助死亡的，所以要为自己的选择负责。另一方面，只要身患绝症的病人承受着极度难忍和无法避免的痛楚时，他就可以合理地拒绝对于医助死亡的禁令。总之，如果上面所说的各种措施都在起作用，那么，对于医助死亡的禁令，就不能在遭受病痛折磨并想要结束生命的身患绝症的病人面前，得到合理的证成或辩解。让医助死亡合法化，使之成为身患绝症的病人的选项，这是社会——是我们——对他们的责任。

十一、结论

我以上论证过，禁止医助死亡似乎没有好的先验论据。但我承认，在某个特殊的社区中，我们不可以排除医助死亡被妄用的可能性；所以，在这些社区，医助死亡应该被禁止。但这一禁令需要很强的经验证据来支持。然而，如果防止妄用的措施执行得当，我相信对于医助死亡的绝对禁令很难得到证成，更不用说一个基于先验的证成了。对于广大市民来说，医助死亡这一选项都是为了安心：当病痛变得难以忍受的时候，一名绝症患者可以选择一种无痛且有尊严的方式走完人生的最后一程。

致谢：

本文的部分内容来自本人拙作：Hon-Lam Li, "What We Owe to Terminally Ill Patients: The Option of Physician-Assisted Suicide", *Asian Bioethics Review* (September 2016), vol. 8, no. 3 和 "Rawlsian Political Liberalism, Public Reason, and Bioethics", 在 Hon-Lam Li and Michael Campbell, eds., *Public Reason and Bioethics: Three Perspectives* (London: Palgrave Macmillan, 2021)一书中。第三部分摘自拙作"Replies to Farrell & Tham, and to Fan", *Public Reason and Bioethics: Three Perspectives*。第七节和第八节来自拙作

---

① 伊曼纽尔的论点是，从医助死亡中受益的患者人数很少，就仿佛这些数字是唯一重要的考虑。

"Contractualism and the Death Penalty", *Criminal Justice Review*, vol. 36, no. 2 (https://www.tandfonline.com/doi/full/10.1080/0731129X.2017.1358912) 和 "Contractualism and Punishment," *Criminal Justice Ethics*, vol. 32, no. 2 (https://www.tandfonline.com/doi/full/10.1080/0731129X.2015.1067959)。对于本文的初稿提供了宝贵意见的,包括 Bonnie Steinbock 教授,John G. Bennett 教授,Allen Wood 教授,李文泽教授和 Paul Menzel 教授,谨致谢忱。我特别感谢魏犇群博士将这篇论文翻译成中文。本文的更长版本于 2020 年 12 月 15 日在台湾大学主办的哲学会议上作为专题演讲发表,该演讲已成为 *Public Reason and Bioethics: Three Perspectives* 的第一章,我感谢在会上给我意见的朋友。

参考文献

Arras J D, 1997. Physician-Assisted Suicide: A Tragic View[J]. Journal of Contemporary Health Law and Policy, 13: 361-389.

Battin M, 1991. Euthanasia: The Way We Do It, The Way They Do It: End-of-Life Practices in the Developed World[J]. Journal of Pain and Symptom Management, 65 (5): 298-305.

Benatar D, 2011. A Legal Right to Die: Responding to Slippery Slope and Abuse Arguments[J]. Current Oncology, 18(5): 206-207.

Cruzan V, Albert L A, 1991. Missouri Department of Health[J]. The Journal of legal Medicine, 12(3):331-358.

University of South Florida College of Medicine, 2001. Physician-Assisted Suicide: The Legal Slippery Slope[J]. Cancer Control, 8 (1):25-31.

Dworkin R, et al, 1997. Assisted Suicide: The Philosophers' Brief[J]. New York Review of Books, 44: 41-47.

Emanuel E J, 1999. What Is the Great Benefit of Legalizing Euthanasia or Physician-Assisted Suicide? [J]. Ethics, 109 (3): 629-642.

Finnis John, 1995. A Philosophical Case against Euthanasia[M]//J Keown, Euthanasia Re-examined. Cambridge: Cambridge University Press: 23-35.

Ganzini L, et al, 2000 Physicians' Experiences with the Oregon Death with Dignity Act[J]. New England Journal of Medicine, 342: 551-556.

Ganzini L, et al, 2001. Oregon Physicians' Attitudes about and Experiences with End-of-Life Care since Passage of the Oregon Death with Dignity Act[J]. JAMA, 285 (18): 2363-2369.

Kamm F M, 2013. Bioethical Prescriptions[M]. New York: Oxford University Press.

Kant I, 2002. Groundwork of the Metaphysics of Morals[M]. New Haven: Yale University Press.

Li H-L, 2002. Animal Research, Non-Vegetarianism, and the Moral Status of Animals—Understanding the Impasse of the Animal Rights Problem[J]. Journal of Medicine and Philosophy, 27(5): 589-615.

Li H-L, 2007. Toward Quasi-Vegetarianism[M]// Hon-Lam Li, Anthony Yeung, New Essays in Applied Ethics. London: Palgrave Macmillan: 64-90.

Li H-L, 2015. Contractualism and Punishment[J]. Criminal Justice Ethics, 32(2): 177-209.

Li H-L, 2016. What We Owe to Terminally Ill Patients: The Option of Physician-Assisted Suicide[J]. Asian Bioethics Review, 8(3): 224-243.

Li H-L, 2017. Contractualism and the Death Penalty[J]. Criminal Justice Ethics, 36(2): 152-182.

Li H-L, 2020. Public Reason as the Way for Dialogue[J]. The American Journal of Bioethics, 20(12): 29-31.

Li H-L, 2021a. Rawlsian Political Liberalism, Public Reason, and Bioethics[M]//Hon-Lam Li, Michael Campbell. Public Reason and Bioethics: Three Perspectives. London: Palgrave Macmillan.

Li H-L, 2021b. Replies to Farrell & Tham, and to Fan[M]// Hon-Lam Li, Michael Campbell. Public Reason and Bioethics: Three Perspectives. London: Palgrave Macmillan.

MacIntyre A, 2019. Doctrine of Double Effect[EB/OL] (2019-03-28) [2020-05-06]. https://plato.stanford.edu/archives/spr2019/entries/double-effect/.

Rawls J, 1993. Political Liberalism[M]. New York: Columbia University Press.

Rawls J, 1999. Laws of Peoples: With "The Idea of Public Reason Revisited[M]. Cambridge Mass: Harvard University Press.

Regan T, 1983. The Case for Animal Rights[M]. Berkeley: University of California Press.

Scanlon T M, 1998. What We Owe to Each Other[M]. Cambridge Mass: Harvard University Press.

Scanlon T M, 2008. Moral Dimensions[M]. Cambridge Mass: Harvard University Press.

Scanlon T M, 2014a. Being Realistic about Reasons[M]. Oxford: Oxford University Press.

Scanlon T M, 2014b. Contractualism and Justification[M]// Michael Frauchiger, Markus Stepanians, 2021. Reason, Justification, and Contractualism: Themes from Scanlon. Berlin: De Gruyter.

Smith S W, 2005. Evidence for the Practical Slippery Slope in the Debate of Physician-Assisted Suicide and Euthanasia[J]. Medical Law Review, 13: 17-44.

Steinbock B, 2005. The Case for Physician Assisted Suicide: Not (Yet) Proven[J]. Journal of Medical Ethics, 31: 235-241.

Thomson J J, 1971. A Defense of Abortion[J]. Philosophy and Public Affairs, 1 (1): 47-66.

Thomson J J, 1991. Self-Defense[J]. Philosophy and Public Affairs, 20 (4): 283-310.

Thomson, J J, 1999. Physician-Assisted Suicide: Two Moral Arguments[J]. Ethics, 109 (3): 497-518.

Topping A, 2014. Assisted Dying[N/OL]. The Guardian, (2014-10-19) [2019-03-03]. https://www.theguardian.com/society/2014/oct/19/right-to-die-campaigner-starved-herself-jean-davies.

Velleman J D, 1999. A Right of Self-Termination? [J].Ethics, 109 (3): 606-628.

Warren, M A, 1973. On the Moral and Legal Status of Abortion[J]. The Monist, 57 (4): 46-61.

Wood A, 2007.Kantian Ethics[M]. Cambridge: Cambridge University Press.

艺术与道德的合宜关系

尤煌杰*

(台湾辅仁大学 哲学系,台湾 新北 24205)

摘　要:本文探究艺术与道德两者之间的从属关系,分为四部分。一是问题的起源,说明艺术与道德都与人类精神活动的理性、意志、情感相关,所以有两者主从关系的问题。二是为人生而艺术,说明柏拉图与托尔斯泰的理论。三是为艺术而艺术,说明贝尔的主张,此理论与"为人生而艺术"站在完全对立的立场。四是艺术与道德二元论,以马里旦与朱光潜为代表,认为两者各自独立,但是两者虽无内在从属关系,但是有外在依从关系。

关键词:艺术;道德;为人生而艺术;为艺术而艺术;二元论

一、问题的源起

艺术活动自初民时代就是一项不可或缺的文化活动,这也是使人类不同于其他生物族类最基本的差异之一。人类在精神活动上,表现为理性思考、意志行为抉择,以及感性活动。此三者各有发展领域,理性思考活动成为科学知识的基本要素,意志行为抉择引发人性行为的善恶判断,而感性活动的提炼导致欣赏与创意活动。因而,我们可以说人类文明表现在科学知识、道德价值、艺术创造这三大方面。但是,这三大方面的表现并不是各行其是,而是互相交织,互相影响。

首先,就知识活动而言,看似最为客观并且符合逻辑,但是仍然不免受到意志与感性因素所影响。某些知识的建立仍然受到意识形态的牵引,如个人对于特殊题材的癖好(inclination),或某些外在意图的影响,或效益计算的影响。

其次,就伦理行为而言,虽然必须有意志的发动才能驱动人性行为的付诸行动,但是此行为的策略应该如何?如何能正确地执行善念的动机而完满地实践善的成果?这些思考,也都需要理性的充分介入,才能提供道德理性进行正确的判断。

再者,就艺术活动而言,看似完全受到感性的主宰,但是它也经常与理性和意志相结合。一个良好的艺术创作,情感要素是其材质,而成为一个完备作品还需要理性赋予形式,并安排制作的程序。这其中,意志仍有其不可或缺的角色。意志可以左右创作者的意念与行动倾向。

本文之目的在于探究一个艺术作品的创作动机以及效果,当它与伦理价值产生冲突的时候,我们的哲学思考可以采取怎样的态度。在西方哲学的历史上,曾经出现过两种相反的立场,一个是"为人生而艺术"的立场,一个是"为艺术而艺术"的态度。这两种立场各自持之有故,言之成理。但是,仔细考察之后,也会发现其中隐含着片面的立场。故而,寻求一个中庸的立场是本文的目的。

二、为人生而艺术

从"为人生而艺术"的立足点来看,它可以延伸出以下的问题:

---

* 作者简介:尤煌杰(1956—),台湾台北人,台湾辅仁大学哲学系教授,博士导师,研究方向:中西方美学、知识论和西方近代哲学。

艺术作品是否会转变观赏者的人格成为善或恶，并且从而影响他的道德行为？

如果是的话，我们可否依据道德的基础来判断艺术作品，就如同我们褒贬一个人的正、邪，或社会制度的良窳一般？

进一步而言，我们是否有资格以政令或立法的手段来规范艺术作品的创作或发行，甚至禁止某些作品的发行？①

所谓"为人生而艺术"之所以成为一种文艺主张，首先认为艺术作品与道德行为存在着互相影响的联结关系。为了产生良善的行为，就必须有提倡正向价值的艺术作品，从感性方面来影响人的向善德行。因此，判断人性行为的标准也就和判断艺术作品的标准一致，如此导致判断艺术作品是否为一个成功作品，或可被社会接受的作品，其标准是外在于艺术活动的道德标准而非艺术自身的艺术价值。既然我们接受艺术与道德的紧密关联性，那么我们用来规范伦理行为的标准和手段，也就可以适用于对待艺术作品的规范。那么，审查艺术作品就成为一种被认可的手段。

在西洋哲学思想史当中，拥护"为人生而艺术"之立场的主要代表人物包括柏拉图和托尔斯泰等。本文将以这两位代表人物的理论来说明"为人生而艺术"的内涵。

1. 柏拉图

柏拉图对于一般模仿性艺术家是持敬而远之的态度的，因为他不想让主题卑劣的艺术作品在他的理想国里破坏正当的教育。而他所认可的艺术题材只接受"对神明和善人的赞颂诗"。柏拉图基于教育和道德理想上的要求，他对艺术的控制不只限于艺术题材上的要求，而且也扩及于艺术所引发的情操，甚至艺术家的社会责任，同时艺术家也不允许有创新风格的自由。最后，他甚至主张要建立一套国家的审查制度，来控制艺术的质量。柏拉图的这种对艺术的态度，限制了一般人对艺术题材的选择自由，同时柏拉图也忽略了审美情操的内在价值。

柏拉图的"理想国"里的生活可以描述如下：

(1) 个人的美善生活只有在完善秩序的社会中才可能达成。

(2) 人类有自己达成生活的基本目的能力，这就是理性的能力。

(3) 为了全体公民的福祉，城邦由智者（即所谓的"哲人王"）统治。

(4) 最后，只有理性的生活才是幸福的生活。②

因此柏拉图对于艺术家们的态度就表现如下：要是有人能藉其智巧伪装各种样子并且模仿所有事物，这样的人来到我们的城邦里，带来他想展现的诗文，我们将把他当神明般伏地膜拜，同时还要告诉他在我们的城邦里可没有像他这类的人，像他这样的人处于我们之中也是不合法的，在我们用药涂过了他的头并给他戴上呢绒花环之后，我们应该把他遣送到别的城邦。为了我们的灵魂的好处，我们要继续用较朴实无华的诗人和说故事者，他只模仿好人的措辞，他说他的故事是为了在我们一开始调教我们的军士之时树立典范③。

我们对于柏拉图本人的艺术鉴赏能力毫无疑问，但是他的兴趣显然不在于任何以惊异或赏心悦目为能事的艺术创作上。在他的心目中衡量艺术的最重要的尺度是"灵魂的善"，所以他宁可支持一个"较朴实无华的诗人"。

关于艺术作品的主题，柏拉图认为：

荷马是诗人中的诗人，悲剧作家中的龙头，但是我们必须认清真理，唯有对神明和善人的赞颂诗是在

---

① see to Jerome Stolnitz, *Aesthetics and Philosophy of Art Criticism—A Critical Introduction*, Boston: Houghton Mifflin, 1960, p. 33.

② see to Jerome Stolnitz, *Aesthetics and Philosophy of Art Criticism—A Critical Introduction*, Boston: Houghton Mifflin, 1960, p. 340.

③ Plato's "Republic: III", 398a, 本文以下有关《理想国》之中译主要参考侯健译，《柏拉图理想国》，台北：联经出版公司，2014 年。

我们的城邦中所允许的①。柏拉图不愿使理想国里的男女老少接触到伤风败俗的艺术作品,因而唯一得以传布在其理想国中的艺术题材就只有"对神明和善人的赞颂诗"了。柏拉图对于艺术作品的苛责不仅止于题材上,同时也包括了其他的面向,如:感性素材、形式、表现手法等,这些全都在于他的批判范围内。如果一件艺术作品仅止于表现它的引人入胜,是不足以称之为好的作品,它同时也必须对城邦有所帮助。

> 我们将允许爱好诗而非诗人身份的人作辩护者,以无韵的散文为诗辩护,证明诗不仅只是引人入胜,而且也对国家、人生有所裨益。而我们也将抱持仁慈之胸怀来聆听,若是它能证明诗不仅引人入胜,而且是有益的,则对我们未尝不利②。

关于艺术作品的形式规范,柏拉图对于韵文中的音乐性节拍的意见可以作为一个线索来看:

> 协调是出于对节拍的斟酌,我们不必在旋律变化上追求繁复多样,但应该观察哪一种节拍是属于勇敢而有纪律的生活,在找到这些节拍之后,就要使音步、声调配合那一种人的辞令,而非让措辞去配合音步和声调③。

于柏拉图而言,音乐的旋律就应该是有条理且勇敢的旋律,绝非哀伤而散漫的旋律。以上引文还包含着柏拉图认为音乐形式与道德生活的密切相关,他肯定音乐对德行具有影响力,但是音乐是德行的配角,而不是相反。音乐要追求纯粹单一,而不是繁复多变。

情感在理性的生活当中无法被完全忽视其存在,而且柏拉图也不是个禁欲主义者,但是他也不容纵欲或滥情。否则的话,理性生活的规律性将遭破坏,人生幸福终将幻灭。在以下引文中,我们可以再进一步了解,艺术在柏拉图的心目中所扮演的角色:

> 从事模仿的诗人,其本性很明显地和灵魂的较良善部分无关,它的逗趣不适合于取悦灵魂的这部分,如果这个诗人想赢得众人的喜好,他去模仿暴躁、复杂的性格较为容易,事实不是这样吗?
>
> 显然如此。
>
> 那么在这样的思考下,我们可以合理地把这样的诗人拿来和画家相提并论:首先,他们在创作上都是模仿实体的较差的部分,这是他们第一个相似点;其次,他们都以灵魂的较差部分,而非最佳部分作为要求对象,这是另一个相似点。因此,我们至少可以说我们有资格排斥这样的诗人进入一个井然有序的城邦,因为他刺激和培养灵魂的这些原素,他的强化将导致灵魂的理性部分受到摧毁。这就好像在一个城邦里恶人当道,好人遭殃一样④。

柏拉图对"艺术"的了解,大部分是属于模仿,而且这个"模仿"是很单纯的对事物之表象的模仿,因此艺术的价值就取决于被模仿事物的价值。在此,我们也可以发现柏拉图的知识理论已经渗透到艺术理论的领域中,并且预判了模仿艺术的身价。因为在柏拉图的知识论中,灵魂的理性部分(也是最高贵的部分)是以认识真实的观念为其对象并从而产生永恒的知识,而灵魂的感性部分(也是较低劣的部分)是以认识虚幻的形象为其对象并从而产生臆测的意见。艺术无论就其活动之主体而言,或就其活动之客体而言,都被列入低下的层次。所以,柏拉图对艺术的种种批判意见也就不足为奇了。

由于柏拉图极重视艺术所负担的社会责任,因而他主张一切艺术作品都应该被笼罩于一个国家所控制的检查系统之下:

> 诗人不得创作任何违反法律与权利,名誉与良善等等公共规范的作品,也不得任意将任何创作

---

① Plato's "Republic: X", 607a2.
② ibid., 607d6.
③ Plato's "Republic: III", 399e6.
④ Plato's "Republic: X", 605a.

散播给任何私人,除非它首先经过有关的指定检察官和合法的评议员,并且得到他们的认可。这些检察官完全都经由有关音乐和教育首长的立法者选举产生①。

此外,为了国家的利益着想,艺术的样式不可以任意更动:

> 他们必须注意在音乐和体育上的创新,而违反了已经建立的秩序……因为一个新种类的音乐的改变,就是危及人民的福祉②。

总之,艺术于柏拉图而言扮演了一个社会教化的角色,它的目的不在于追求娱乐,或者借着想象力和创造力去另外一个世界里探险。一件艺术品的主题只限于"对神明和善人的赞颂诗",这件艺术品所表达的情感不能太过度以至于淹没了理性,它的形式不可以太过于繁复,以至于混乱了思绪。并且为了维护城邦的利益,所有艺术作品在出版或展示之前都需要先经由城邦检查通过才可以面世。柏拉图对于真实艺术作品的鉴赏能力以及创作才华是不容置疑的,但是在哲学讨论中,他从来没有给过艺术它所该有的评价。柏拉图混淆了艺术的内在属性和艺术与其他非艺术对象的外在关系。西方哲学自古以来倾向把艺术活动视为一种"模仿"活动,但是柏拉图把这个"模仿"的关系看作简单的表象之间的肖似而已,这种"表象的肖似"从柏拉图的观念论来看,只是类似于"影像"而已,所以缺乏真理价值。所以即使柏拉图有极为高超的艺术创作能力与鉴赏能力,但是在他的理型论的框架下,艺术的价值仍然是微不足道的。

2. 托尔斯泰

托尔斯泰看待艺术的态度,有许多类似于柏拉图的地方:

(1) 托尔斯泰谴责在题材上毫无价值或卑劣的艺术作品,受到此等作品所扰动的情绪应该加以抑制。

(2) 托尔斯泰同柏拉图一样强烈谴责新艺术形式的发展。

(3) 托尔斯泰也同柏拉图一样反对艺术为提供娱乐而存在的价值③。

托尔斯泰在他的名著《何谓艺术?》一书中猛烈地批判了现代艺术:"所以现在社会中所称的艺术不但不能助人类前进,并且反而阻碍人类生活中善的实现。"④在他形成这个结论之前,有五个原因促使他采取这样的态度:

第一个原因,触目所及的痛苦都是劳动者的劳务大量耗损在不仅无用而且有害的事情上。更有甚者,无价的青春被虚掷在这个不必要而且有害的事情上。

第二个原因,是娱乐艺术的产品——大群职业艺术家所预备的可观数量——使得当代富人得以度他们这般的生活,不但是不自然的生活而且违反他们所具备的人性原则。

第三个原因,曲解艺术的原因就是在儿童和一般民众的心灵里产生错乱状态。

第四个原因,是上流社会的人越来越多在面对美与善的矛盾时,把美的理想摆在前头,藉以规避道德的要求。

第五个也是最重要的原因,活跃于欧洲上流社会中的艺术有一个直接的坏影响,影响民众坏的情操,以及对人性绝大的伤害——迷信、爱国主义以及淫荡⑤。

托尔斯泰对于艺术的态度,除了上述的负面批评之外,他也提出了他的正面的界定:

---

① Plato's "Laws: VII", 801c6.
② Plato's "Republic: IV", 424b6.
③ Jerome Stolnitz, *Aesthetics and Philosophy of Art Criticism—A Critical Introduction*, Boston: Houghton Mifflin, 1960, p.347.
④ Leo Tolstoy, *What Is Art?* New York: Macmillan Publishing Company, 1960, p.261, 本文以下对此书之中译主要参阅:耿济之译,《艺术与人生:托尔斯泰的"艺术论"》,台北:远流图书公司,1981年。
⑤ Leo Tolstoy, *What Is Art?* New York: Macmillan Publishing Company, 1960, pp.252-259.

艺术是一种人性的活动，在这个活动里，一个人有意地经由某些外在的符号，把他所亲历的情感传达给他人，并且使他人受到这些情感的影响，也体验到这些情感①。

由于托尔斯泰的这个定义，使他被标上了"艺术的传达论"（communication theory of art）这个名称。根据这个定义，艺术的判准依赖于以下三个条件：

区分真伪艺术的一个毫无疑问的符号，就是艺术的感染性②。

如果一个人被作者的心灵状态所传染，而感受到这种情感，并觉得自己和别人结合起来，那么引发这种心灵状态的东西就是艺术；要是没有这种传染，没有和作者以及受到同一作品感动的他人结合起来，则没有艺术。不但传染性是艺术的唯一确实标记，就连传染性的程度也是断定艺术优劣的唯一衡量标准。

只要传染性越强烈，这艺术自身就越好，不论它的主题为何，也不论它所传染情感的性质如何。

艺术的传染性的程度由以下三个条件而定：

第一，所传情感的个别性之多寡。

第二，所传情感的清晰性之多寡。

第三，艺术家的真诚，亦即，艺术家自己感受对其所传情感的力量之多寡③。

托尔斯泰在此强调艺术的核心价值在于它能够传达艺术家的情感，并藉此和观众在对作品的感动中结合起来。所以艺术在情感上的感染力成为判断艺术成败的标准。在暂不考虑所传达情感的内容时，决定传达情感优劣程度的三个指标是：个别性、清晰性、艺术家的真诚。每一作品都应有其独特性（这是任何艺术作品都应有的特质），不应只是公式化地或概念化地处理情感，否则将难以感动人心。艺术品所欲传达的情感当然需要有相当的清晰性，否则含混不清的情感，无法让观赏者辨别，当然也就达不到感染情感的效果。至于艺术家的真诚，即在于一个艺术家所欲表达的情感，必须能够感动自己，才有可能感动别人。

至于所传达的情感的性质，虽然在决定传达情感的强度时，不做区分，但是在托尔斯泰进一步的思考中，涉及怎样决定艺术内容的好坏，托尔斯泰的意见和柏拉图的意见非常接近，他提出了一个最高的准则，那就是"宗教意识"（religious perception）：

关于"艺术"这个字，在一定范围的意义上，我们不认为一切人性的活动都传达情感，只有我们基于某些理由从中选取的部分，被我们赋予特殊重要性。这个特殊重要性总是被人们归之于能传达按其宗教意识而来的情感的那一部分活动，而这一小部分活动特别被称之为艺术，赋予艺术这个字完整的意义④。

艺术情感的评定——就是认定何种情感对于人类福祉较好或较必要——是根据那个时代的宗教意识而定的⑤。

宗教意识的进一步说明是：

我们这个时代的宗教意识，就它的最广义和最实际的运用而言，是把我们的福祉——涵括物质的与精神的，个别的与集体的，暂时的与永恒的——建基在全人类兄弟情谊的增进之上，在彼此爱的和谐之上⑥。

透过这种宗教意识所传达出来的情感，有以下两种：

---

① Leo Tolstoy, *What Is Art*? New York: Macmillan Publishing Company, 1960, p.123.
② Leo Tolstoy, *What Is Art*? New York: Macmillan Publishing Company, 1960, p.227.
③ Leo Tolstoy, *What Is Art*? New York: Macmillan Publishing Company, 1960, p.143.
④ Leo Tolstoy, *What Is Art*? New York: Macmillan Publishing Company, 1960, p.125.
⑤ Leo Tolstoy, *What Is Art*? New York: Macmillan Publishing Company, 1960, p.143.
⑥ Leo Tolstoy, *What Is Art*? New York: Macmillan Publishing Company, 1960, p.145.

唯有两种情感联系所有人：一是源自意识到我们作为人子对上帝和人类之兄弟情谊的情感；二是普通生活的单纯情感，为所有人所共同接受的，像欢乐、怜悯、愉快、宁静等的情感。唯有这两种情感才能给艺术的题材提供好的材料①。

为了传达这两种情感，于是必须有两种宗教艺术：

因此我们这个时代的基督教艺术可以有而且有两种：(1)狭义的宗教艺术，传达一种源自宗教意识的情感，这种情感关乎人处于世上与上帝和其邻人的关系。(2)普遍的艺术，传达共同生活的单纯情感，但是这种情感总是能获得普世的接受：共同生活的艺术，人间的艺术②。

托尔斯泰的艺术观对于以上的论点在他的《艺术论》(What Is Art?)中有许多详细的论述，由以上引文已经可以看出端倪。吾人尝试将托尔斯泰的"传达论"图示如下(图1)：

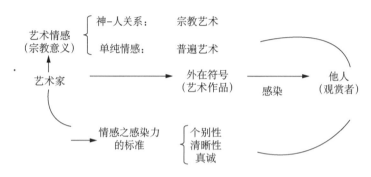

图1　托尔斯泰的"传达论"

在托尔斯泰的艺术哲学中，他的重点在于如何将艺术家所亲身体验的情感，透过外在的艺术作品，在作品与观赏者见面时，让观赏者被艺术家的情感所感染。由于重点就在于一件作品的感染力，所以托尔斯泰提出三个判断感染力的标准：个别性、清晰性和真诚。这是就艺术创作过程的形式面而提出的看法。就艺术的实质面来看，我们要去探究托尔斯泰所强调的情感为何。托尔斯泰直接回应这个情感就是"宗教意识"。在这个"宗教意识"中再细分出两种情感，分别由两种艺术来传达：宗教艺术和普遍艺术。所以，质言之，托尔斯泰的传达论所欲强调的重点就在于，艺术家应将其情感感染给观赏者，这才是成功的艺术，而所传达的情感必须是符合宗教意识的，这才是好的艺术。

托尔斯泰和柏拉图最大的不同是他反对艺术的检察制度，他称之为"不道德且无理的制度"③。这样的态度是很可以理解的，因为19世纪的俄国艺术家们几乎都遭受到检察制度所带来的痛苦。

三、为艺术而艺术

艺术与道德的关系，演变到19世纪出现了相反于传统思想的观念，那就是"为艺术而艺术"(Art for Art's Sake)。这个思想主张艺术作品的存在价值就在于它本身能引起欣赏的兴趣，而不必为其他目的服务。这个口号代表以一种新的态度从以下两个方面来为艺术作辩护：

(1) 直接反对像柏拉图和托尔斯泰者流的道德主义者，因为他们过度强调艺术的心理学的和社会学的效果。

(2) 反驳艺术无用论。一件本身是好的艺术作品，为什么必须为某物是好的④？（当代的艺术家们

---

① Leo Tolstoy, *What Is Art?* New York: Macmillan Publishing Company, 1960, p.150.
② Leo Tolstoy, *What Is Art?* New York: Macmillan Publishing Company, 1960, pp.151-152.
③ Leo Tolstoy, *What Is Art?* New York: Macmillan Publishing Company, 1960, p. 65.
④ see to Jerome Stolnitz, *Aesthetics and Philosophy of Art Criticism—A Critical Introduction*, Boston: Houghton Mifflin, 1960, p.352.

也反对把艺术商品化的趋势)

就以上所言,"为艺术而艺术"还只是替艺术的审美经验作辩护,但是这个口号逐渐演变成扩大它的含义以便为人生树立理想。因而美善生活的典型就是审美经验,"为艺术而艺术"的口号蜕变成"为艺术而人生"(Life for Art's Sake)。换言之,生活的意义就在于献身于感性的享乐①。

在这个阵营当中的一个典型的代表人物就是形式主义者贝尔(Clive Bell),他对于"艺术与道德"这个问题提出了一个立场坚定的答复:

> 艺术胜于道德,或者说,一切艺术是合乎道德的,因为当我想要表现,艺术作品马上就意味着美善(good)。一旦我们把某物断定为艺术作品,我们也首要地基于伦理而下这个判断,并且把它置于超过道德家所能达到的地位②。

> 艺术是美善的,因为它被提升到一个神魂超拔的境界,远远地胜过任何迟钝的道德家所能想象的;所以其余不必赘言③。

柏拉图和托尔斯泰都把艺术归属于道德目标之下,并且也忽略了艺术的内在审美价值。但是,"为艺术而艺术"的拥护者的确把这个西方千百年来的根深蒂固的偏见颠覆过来,他们宣称人生的理想就在于审美活动上,审美价值就是道德理想本身。这个戏剧性的逆转,无疑的又是西方思想发展史上对立辩证演变的一个生动而鲜活的例子。

四、艺术与道德二元论

我们可以发现在西洋哲学传统里,有一些态度把艺术活动附属于伦理的范畴之下来加以规范,另外也有一些别的态度反对道德对艺术的统辖。但是值得我们继续对这个问题探讨下去的趣味在于他们都提到了艺术与道德的关系,这个关系显示许多种可能的情况:这个关系或许很密切,或许很松散;道德原则或许是艺术活动的统辖规范,或者反过来,让艺术来指引德行的方向;或许这两者都该从日常生活的局限当中解放出来,并加以转化成超越界的存在。但是,总而言之,上述的这些讨论都把他们的注意力集中于艺术与道德的外在关系上,讨论艺术作品与其他事物的关系。

为了让这个问题的解决有一个突破性的进展,代表士林哲学立场的马里旦(Jacques Maritain)所提出的分析值得我们关注,他说:

> 艺术与道德在本性上是两个自律的世界,彼此间没有直接和内在的从属关系。此二者即使有所从属,但也是外在的和间接的④。

"根据亚里士多德和阿奎那所言,艺术是一种德能(virtue),即是一个内在地发展的、不离正道的力量,艺术是实践理性的一个德能,这个实践理性的特殊德能处理被制作的对象的创造与智德(prudence)(它也是实践理性的成全),艺术关涉作品的善,而与人的善无关。"⑤

阿奎那把艺术当作类似于思辨理性的德能:"它使人按照正当的方法行动,但是与人类的自由意志的使用无关,也和人类意志的正当性无关,而是和特殊操作能力的正当性有关。艺术所追求的善

---

① see to Jerome Stolnitz, *Aesthetics and Philosophy of Art Criticism-A Critical Introduction*, Boston: Houghton Mifflin, 1960, pp.352-353.
② Clive Bell, *Art*, New York: Capricorn Books, 1958, p.20, 本文对此书引述之中译由笔者自行翻译。
③ Clive Bell, *Art*, New York: Capricorn Books, 1958, p.106.
④ Jacques Maritain, *The Responsibility of the Artist*, New York: Charles Scribner's Sons, 1960, p.22, 本文对此书引述之中译由笔者自行翻译。
⑤ Jacques Maritain, *The Responsibility of the Artist*, New York: Charles Scribner's Sons, 1960, p.23.

(good)不是人类意志的善,而是人的劳动产品的善。"①

"艺术价值涉及作品,道德价值涉及人。"②

"人之为人的道德良知,和关于艺术家的艺术良知、医生的医疗良知和科学家的科学良知,都有相同的作用。艺术家就他作为一个艺术家而言,不能成为一个不好的艺术家,他的艺术良知会要求他自己不能和他的艺术对立,理由很简单,因为如此就会在艺术价值的领域里成为不好的。"③

"道德良知处理一切人的行为;道德良知涵盖一切被特殊化的良知种类——不只道德本身,也包括了艺术的、医疗的、科学的良知等。"④

"当面对艺术作品的善或论及美的时候,道德无置喙的余地。当面对人生的善的时候,艺术也无话可说。然而当人生需要真正的美和合乎理性的创作时,艺术可以做最后的定夺;当艺术运作于人生当中时,关于人的需要和人的目的,道德做了最后的定夺。换言之,艺术和道德是两个自律的世界,各自管辖各自的领域,但是不能彼此忽略对方,因为人类属于这两个世界,他既是有理智的制造者,也是有德性的行为者。但是因为一个艺术家在成为一个艺术家之前就是一个人,所以德行的自律世界优越于艺术的自律世界,而且包含更多。没有任何律则和人类所依赖的命定的律则相反。换言之,艺术间接地而且外在地隶属于道德。"⑤

由以上所引述的段落来看,马里旦从人类理智的结构当中,把艺术和道德的关系解说成间接的和外在的从属关系。如果拿来和当代中国著名的美学家朱光潜先生的见解相对照的话,则马里旦的解说较属静态式的,而朱光潜的解说就较属动态式的。朱氏认为要处理艺术与道德的关系应该注意到美感经验的不同状态,依照不同的状态而有不同的解决办法。他提出从美感经验的前、中、后三个阶段来谈这个问题:

"(1) 在美感经验中,从作者的观点与读者的观点看,文艺与道德有何关系?

(2) 在美感经验前,从作者的观点与读者的观点看,文艺与道德有何关系?

(3) 在美感经验后,从作者的观点与读者的观点看,文艺与道德有何关系?"⑥

对于第一个问题的答复是:"在美感经验中,无论是创造或是欣赏,心理活动都是单纯的直觉,心中猛然见到一个完整幽美的意象,霎时间忘去此外尚有天地,对于它不作名理的判断,道德问题自然不能闯入。"⑦

关于第二个问题的答复,就艺术家而言:"一个艺术家在突然得到灵感、见到一个意象(即直觉或美感经验)以前,往往经过长久的预备。在这长久的预备期中,他不仅是一个单纯的'美感的人',他在做学问,过实际生活,储蓄经验,观察人情世故,思量道德、宗教、政治、文艺种种问题。这些活动都不是形相的直觉,但在无形中指定他的直觉所走的方向。""其次,就读者方面说,一个人的道德的修养和见解,往往也可影响到他对文艺的趣味。同是一个艺术作品对于甲引起美感态度,对于乙则引起道德态度。"⑧艺术家应设法使他的作品不受道德的影响。

关于第三个问题的答复,一方面要顾及价值的标准,一方面要顾及文艺所产生的道德的影响。"作者原来有意地或无意地渗透一种人生态度或道德信仰到作品里去,我们批评它的价值时,就不能不兼顾到那种人生态度或道德信仰的价值。""没有其他东西比文艺能给我们更深广的人生观照和了解,所以没有其他东西比文艺能帮助我们建设更完善的道德的基础。"⑨

---

① Jacques Maritain, *The Responsibility of the Artist*, New York: Charles Scribner's Sons, 1960, p.23.
② Jacques Maritain, *The Responsibility of the Artist*, New York: Charles Scribner's Sons, 1960, p.29.
③ Jacques Maritain, *The Responsibility of the Artist*, New York: Charles Scribner's Sons, 1960, p.36.
④ Jacques Maritain, *The Responsibility of the Artist*, New York: Charles Scribner's Sons, 1960, p.37.
⑤ Jacques Maritain, *The Responsibility of the Artist*, New York: Charles Scribner's Sons, 1960, p.41.
⑥ 朱光潜:《文艺心理学》,上海:复旦大学出版社,2009年,第113页。
⑦ 朱光潜:《文艺心理学》,上海:复旦大学出版社,2009年,第128页。
⑧ 朱光潜:《文艺心理学》,上海:复旦大学出版社,2009年,第114—115页。
⑨ 朱光潜:《文艺心理学》,上海:复旦大学出版社,2009年,第116、119页。

从朱光潜的处理方式来看这个问题,我们可以发现只有在短暂的审美经验的进行当中,才使艺术和道德彼此不发生关系,至于在审美经验之前和之后,艺术和道德彼此纠缠的关系是不可能截然划分得清楚的。但是朱光潜的解题方式只是说明艺术和道德之间有不可忽视的关系存在,并没有说明清楚彼此的从属关系如何。

总结以上的讨论,我们发现了艺术和道德之间的关系是一个非常复杂的问题。这个问题无法完全局限在美学的研究范畴里,它也涉及了道德的规范性。从历史的考查中,我们了解不能把艺术完全隶属于道德,也不能根据艺术的趣味来建立道德的基础,两者都不是对问题的完整解答。长久以来,艺术在整个人类活动中并没有得到独立的地位,它的存在以为了一些非艺术的目的服务的情形居多。即使有一些思想家意识到艺术和道德有非常密切的关系,但是也很少提出一个满意的解决办法,以便于调和两者,并建立适当的关系。

马里旦和朱光潜的理论为这个问题的研究指出了一个新的方向。在马里旦的理论中,辨别了艺术和道德的外在关系,以及此二者本身的自律性,认为艺术只是间接的和外在的隶属于道德。至于朱光潜的理论,他把审美经验的历程区分成三个段落,这个区分的方法有助于澄清这个问题,让我们明白在什么程度上艺术和道德产生关系。

基于以上,我们可以确认艺术和道德彼此不可能互相化约对方,同时两者各自都是一个自律的世界。吾人也相信艺术和道德都是展现出致力于提升人类精神层次的努力。因此,艺术与道德展现出自律的调和的情形也是可以理解的,因为这个境界的达成并不是刻意矫情所能达到的,而是它们都是来自同一个精神的根源之故。这也可以说是一种真理不同的显现方式。

综合以上,本文所讨论的艺术与道德之间的关系,可以分辨出三种不同的立场。

第一,道德至上论:以柏拉图与托尔斯泰为主要代表,主张艺术应符合道德要求,道德应指导艺术的发展。"为人生而艺术"是代表性的主张。

第二,艺术与道德二元论:以马里旦与朱光潜为主要代表,主张艺术与道德是各自独立的活动,两种活动无内在的隶属关系,但是从人性的基础来评析,艺术对于道德有外在的依从关系,因为无论从事任何专业活动的人,他都先是一个"人"的存在,然后才是某种"专家"。所以触及"人"的价值时,人性价值优先于专业的价值。在无涉彼此冲突的其他方面则各自独立发展。

第三,艺术至上论:以贝尔为主要代表。支持"为艺术而艺术"的主张,认为艺术无须为道德服务,甚至反过来认为艺术优越于道德,所以更进一步主张"为艺术而人生",以艺术作为人生的目标。

第一种理论与第三种理论是两个极端的对立,而第二种理论则是对此两者的对立冲突,提出了一个调和的主张。

"发展"观念的伦理诉求

任 丑[*]

(西南大学应用伦理研究所,重庆 400715)

> **摘 要**:发展,是人类历史持续自我否定,进而逐步实现其自由精神的过程。这一过程内在地要求发展的伦理法则、伦理律令与相应的伦理义务与之相配套。发展的伦理法则扬弃功利与道义之冲突,把人类历史的绵延作为绝对命令。为此,它包含三大发展律令:消极律令、积极律令与主动律令。发展的伦理律令把人类提升为对人类历史负责的伦理主体,要求人类始终如一地承担维系人类历史绵延的伦理义务。可见,发展的伦理诉求亦是人类自由精神的彰显。
>
> **关键词**:发展;伦理诉求;自由精神

在人类历史的绵延中,发展呈现出自在发展、自为发展与可持续发展的逻辑进程。自在发展是不自觉的自然发展或盲目发展。工业革命后,人类逐步击败所有对手而成为地球的真正主人。于是,自为发展代替盲目发展,成为历史发展的主旋律。自为发展具有实然发展与应然发展两种基本形式。实然发展把物质财富当作发展的根本目的,应然发展则把伦理道义作为发展的根本目的。可持续发展(sustainable development)扬弃自为发展,追寻人类历史进程中的代际公正。目前,可持续发展业已成为人类的基本共识。

发展的逻辑进程彰显出其本质即"尽其性"。"尽其性"源自《中庸》对"至诚"的诠释:"唯天下至诚,为能尽其性;能尽其性,则能尽人之性;能尽人之性,则能尽物之性;能尽物之性,则可以赞天地之化育;可以赞天地之化育,则可以与天地参矣。"(《中庸》二十二章)这里说的"尽其性",是指圣人尽某个对象之性,即圣人在理解、把握对象之本性的基础上,顺应并发挥其固有本性,使其应然本质得以顺畅实现。当然,这并非发展意义上的"尽其性"。现在,我们把"尽其性"置于发展的境遇之中——以发展主体即"人类"替代"圣人",发展意义上的"尽其性"可以概括为:发展主体或人类从本然之性到本质之性的实现过程。或者说,发展是人类通过尽物之性,扬弃人之自然之性,达成自由之性的自我实现过程。这个过程自身内在地包含发展的伦理法则、伦理律令与相应的伦理义务等要求。

一、"发展"的伦理法则

发展伦理法则是具有客观普遍性的发展伦理的根本原则,它深深植根于人类历史的长河之中。在人类历史浩浩荡荡、勇往直前的洪流中,生态系统所遵循的弱肉强食的自然法则,通过社会系统,归根结底通过人,演变为追求最大效益福祉的功利原则。显而易见,自然法则是自在发展或盲目发展所遵循的丛林法则,功利原则是将追求经济利益奉为圭臬的实然发展之伦理法则。表面看来,功利原则与适者生

---

[*] 作者简介:任丑(1969—),河南驻马店人,西南大学应用伦理研究所教授,博士生导师,主要从事道德哲学与应用伦理学研究。本文已发表于《哲学研究》2019年第8期。

项目基金:本文系重庆市社科规划项目中国特色社会主义理论研究专项重点项目"基于发展理念的中国伦理精神研究"(编号2016ZDZT26)及中央高校基本科研业务费专项资金创新团队项目"脆弱性视域的中国传统德性与当代伦理重构"(编号SWU1709111)的阶段性成果。

存的自然法则似乎类似(强者优先于弱者),因而也存在类似的问题即强者对弱者的掠夺与侵害。不同的是,功利原则并非绝对不顾及弱者利益。因为强者追求自身利益最大化的同时,也有意无意地给弱者带来一定的福祉效益,或者程度不同地兼顾弱者的利益。正如密尔所说:"功利主义道德的确承认,人具有一种为了他人之善而牺牲自己最大善的力量。它只是拒绝认同牺牲自身是善。"①功利原则强调,没有增进幸福的牺牲是一种浪费,唯一值得称道的牺牲是对他人的幸福或幸福的手段有所裨益。福祉效益是精神力量把握、超越外物的实在标志,实然发展是人类内在精神力量对自然外物的扬弃。强者与弱者的利益冲突,构成实然发展自我否定的内在动力。

为了调解强者与弱者的利益冲突,发展不仅仅追求功利,而且还追求超越功利的道义价值。虽然不同发展观的伦理追求不尽相同,如自由(西方伦理观)、发展权(非洲伦理观)、统一的道德规范(亚洲伦理观)等,甚至某种程度上相互冲突,但是它们在一定程度上都是道义价值的不同表述形式或不同环节。从道义的绝对命令来看,就是康德所说的人为目的的自由法则②,从道义制度的第一德性即正义来看,正如罗尔斯所言:"正义所保障的权利不屈从于政治交易或社会利益的算计。"③道义原则扬弃福祉第一的功利原则,秉持道义第一的自律法则。由此看来,道义原则是应然发展所遵循的伦理法则。

不过,实然发展与应然发展、道义原则与功利原则并非水火不容,而是人类伦理精神的不同环节在历史进程中的不同实现形式。问题是,道义与功利发生冲突时,何者优先? 这是实然发展与应然发展不能回避也未能真正解决的伦理问题,也正是可持续发展的历史使命。

道义与功利(实然发展与应然发展)的冲突,根源于二者追寻终极目标的差异。是故,道义与功利(实然发展与应然发展)的和解或扬弃,在于超越二者终极目标的矛盾,进而达成二者的伦理共识。

其一,道义与功利的冲突,本质上是经验自由与先验自由的冲突。在康德看来,"假定把自然看作一个目的论体系,人生来就是自然的终极目的"④。终极目的不是功利论的幸福,而是自由规律体现出的文化。这就是此世界的最高目的——人的自由⑤。康德这里所说的自由指超越任何感官的能力即先验自由⑥。先验自由是,作为遵循道德规律的道德主体应当尊重的最高道德目的。实际上,这就是应然发展的终极目的。

与康德式的道义论不同,功利论以现实经验的感性规律(快乐或幸福)作为伦理法则。功利论的自由,不是超感官的先验自由,而是经验自由。根据最大幸福原则,"终极目的是这样一种存在:在量与质两个方面,最大可能地免于痛苦,最大可能地享有快乐"⑦。经验自由把利益福祉作为目的,其他一切值得欲求之物皆与此终极目的相关,并为了实现这个终极目的。这就是实然发展的目的。

道义与功利的对立、应然发展与实然发展的矛盾,归根结底是经验自由与先验自由的终极目的之冲突。尽管如此,二者依然存在共同之处:从消极层面来看,二者都不可能以历史终结为目的;从积极层面来看,二者都以人类历史的绵延为共同目的。

其二,实然发展与应然发展、道义与功利都不可能以历史终结为目的。作为一个具有自我意识和死亡自觉的物种,人类知道自身来自宇宙,属于自然整体的一部分,也明白人类既具有历史开端,也具有历史终结。如果人类灭亡,社会系统必然不复存在,生态系统的健康运行也将因为失去伦理主体而毫无意义。继之而来的是,发展完全失去存在的依据和价值,人类"尽其性"蜕变为终结其性,整体自然的发展

---

① Mill J. S., *On Liberty & Utilitarianism*, New York: Bantam Dell, 2008, p.167.
② 康德:《实践理性批判》,邓晓芒译,杨祖陶校,北京:人民出版社,2003年,第41-44页。
③ Rawls J. A., *Theory of Justice*, Massachusetts: Harvard University Press, 1971, p.4.
④ Kant I., *Critique of Judgment*, translated by James Creed Meredith, Oxford: Oxford University Press, 2007, p.259.
⑤ Ibid., p.263.
⑥ 康德:《实践理性批判》,邓晓芒译,杨祖陶校,北京:人民出版社,2003年,第36页。
⑦ Mill J. S., *On Liberty & Utilitarianism*, New York: Bantam Dell, 2008, p.167.

随之化为乌有。实然发展与应然发展、道义与功利也将丧失存在的根基,经验自由与先验自由更是无从谈起。可见,历史终结是道义与功利、实然发展与应然发展都竭力避免的恶果。或者说,道义与功利都以避免历史终结为消极目的。

其三,经验自由与先验自由追求的共同目的是人类历史的绵延不绝。先验自由探求人的尊严与权利,经验自由确证人的福祉与幸福。在世界历史的舞台上,先验自由和经验自由应当共同推进人类历史的进展。当发展的不同目的(功利与道义)发生冲突时,维系人类历史的延续是实然发展与应然发展的共同伦理使命,因为实然发展与应然发展、功利法则与道义法则的目的都是为了维系人类自身的历史。是故,可持续发展的伦理法则在于扬弃功利与道义的矛盾,把维系人类历史的绵延作为功利与道义的绝对命令或发展的积极目的。

自由以历史延绵为前提,也以历史绵延为目的。换言之,可持续发展的本质是,人类的一切努力与行动都应当为了避免人类历史终结,以便维系自身的历史及其绵延。不过,实际问题却极其复杂。帕菲特(Derek Parfit)说:"作为宇宙的一部分,我们属于开始自我理解的那一部分。我们不但能够部分地理解事实之真,而且能够部分地理解应当之真,或许我们能够真地实现这种理解。"①从根本上讲,事实之真关涉的是人类与自然的实然关系,应当之真则是人类在理解事实之真的基础上,如何处理人与自然的应然关系。然而,人只是自然的一部分,并不能完全理解或精准把握自然。由此看来,可持续发展隐含着不可持续发展的要素,历史延续潜在地具有历史终结的宿命。这也是可持续发展在当今迅速变化的世界中难以寻求一个简单方法的根本原因。

既然如此,可持续发展只能根据现实条件和应然目的,审慎地从事关乎人类历史命运的理性选择与正当行动。这种选择与行动要求发展伦理法则的具体规定即发展伦理律令与发展伦理义务。

二、"发展"的伦理律令

发展的伦理律令是发展伦理法则的具体展开。发展的逻辑要素包括三个层面:否定要素、肯定要素和主动要素。与此相应,发展伦理法则包含三大伦理律令:消极律令、积极律令与主动律令。

(一) 消极律令:回应发展不应当做什么

消极律令的根据在于发展的否定要素——脆弱性。

每个人都是脆弱的。当遇到疾病、受伤、营养不良、心灵困扰或人身侵害时,人们必须依赖他人才能生活或存活。在人生的第一阶段与最后阶段之间,我们的生活或长或短地处在虚弱、乏力、疾病、伤害等不良状态,残疾者则几乎终身如此。诚如麦金泰尔(Alasdair MacIntyre)所说:"在童年和老年阶段,对他人保护与支撑的依赖尤为明显。"②即使在年富力强的鼎盛时期,每个人也只能(程度不同地)依赖自然环境、社会系统与他人,才可能存在。

在自然中,相对于纷纭复杂、不可胜数的无限的存在者,人只是微不足道的有限存在者。人并非全知全能的上帝,不能通天彻地、知晓万物,也不可能尽万物之性。每个人的这种脆弱性,决定并构成人类的脆弱性,也决定并造就人类历史的脆弱性。在人类成为地球主人的当下,人类历史的脆弱性并没有随之消失。相对于古典时代,掌握了科学技术的当代人类具有自我毁灭的能力与毁灭地球的能力,且已经对地球造成了一些不可挽回的深度危害。如果不能保障科学技术的正当应用,人类历史的脆弱性甚至会有增无减。面对自然的重重帷幕,不懂得禁止的存在者,必然陷入盲目危险的境地,更不可能具有可持续发展的能力。所以,人应当敬畏自然,慎重对待其"知",明确其"不知"之边界,厘定最为基本的发展界限,规定不得僭越边界的行为禁止的基本规则。质言之,人应当自觉地禁止不正当的行为,即任何人

---

① Parfit D., *On What Matters*, Volume Two, Oxford: Oxford University Press, 2011b, p.620.
② MacIntyre A., *Dependent Rational Animals: Why Human Beings Need the Virtues*, London: Gerald Duckworth & Co., Ltd., 2009, p.620.

不应当从事危害人类历史延续的行为。

不过,禁止仅仅是发展的否定性诉求,为禁止而禁止是危害人类的大恶。原因在于,只有禁止没有允许,必然陷入极度穷困或动物状态,其结果只能是停滞不前,甚至走向共同灭亡的厄运。仅仅囿于禁止,不可能具有可持续发展的能力。就是说,禁止只是发展的必要途径,发展才是禁止的目的。那么,在遵循消极律令的同时,发展应当做什么呢?

(二)积极律令:回答发展应当做什么

积极律令的根据在于发展的肯定性要素——坚韧性。

与脆弱性相对,个体的坚韧性是指,从生到死、从婴儿到老年的过程中,其自身能力或所期待能力的绵延、卓越与优秀。每个人的坚韧性构成了人类的坚韧性,也造就了人类历史的坚韧性。

人是受自然规律限制的自然存在,也是自我修身、自我培养的自由主体。面对强大神秘的自然,人不只是完全屈从自然规律的奴隶。科学技术尤其是当代高科技表明,人不仅仅是自然的产物,而且是能够意识到自己是自然产物的理性存在者。这种独立意识使人具备扬弃自然、独立于自然的自由能力。诚如汉斯·尤那斯(Hans Jonas)所说:"向自然说不的能力,是人类自由具有的特殊权利。"①自由精神是人类在回应威胁、克服懦弱或恐惧过程中体现出的不畏危险、自觉战胜困难的坚韧性力量。一定程度上,人具有拒绝自然命令的自由。这种自由构成允许的根据——人应当允许自己遵循自由规则而正当地行动,自觉地积极从事维系人类历史延续的正当行为。

相对于古典时代的人类先民,掌握了科学技术的当代人类,具有更强的理解与掌握自己历史命运的能力,这在一定程度上增强了人类历史的坚韧性。传统尽物之性的途径如巫术、占星术、传统中医、炼丹等,追求人的特殊性而非普遍性,只能适用于局部地区或特殊人群。它们具有偶然性、经验性、随意性与不确定性,因而不能成为整体上推动人类进步的发展力量。与传统尽物之性的途径不同,科学技术追求普遍性,研究适用于所有人而非个别人的学科和技术。科学技术领域涉及外在生存空间与自身生存时间和自我身体。信息技术、大数据、人工智能、人造生命、基因工程等科学技术从根本上改造着自然系统与社会系统,深刻地影响并融入人类历史的进程。

科学技术因其影响人类发展途径的强大力量,而成为科技乌托邦(technical Utopia)理念的强力支撑。不过,技术是对科学的应用,它既可能被正当应用,也可能被不正当地应用。对此,爱因斯坦说:"科学是一种强有力的工具。怎样用它,究竟是给人带来幸福还是带来灾难,全取决于人自己,而不取决于工具。……我们的问题不能由科学来解决;而只能由人自己来解决。"②所以,仅仅懂得应用科学本身是不够的,人类应当摒弃科技乌托邦的虚幻,拒斥科技反乌托邦的灾难,自觉地应用先进的科学技术,从事造福人类、维系人类历史延续的事业。

消极律令、积极律令所要求的禁止与允许,都是以避免盲目发展、维系可持续发展为基本目的的伦理诉求。欲达此目标,尚需回答:发展应当一以贯之地做什么?

(三)主动律令:把握发展应当一以贯之地做什么

主动律令的根据在于发展的内在矛盾即脆弱性与坚韧性、禁止与允许(不应当与应当)构成的发展的内在动力或发展的整体要素。

禁止意味着对不正当的否定,如詹姆斯(Scott M. James)所说:"某些事情禁止做是因为这些事是不正当的。"③与此相应,允许则是对正当的肯定,某些事情允许做是因为这些事情是正当的。为了用语简洁,我们用 D 表示"发展"(development)。如果禁止不正当行为是 $-D$,那么允许正当行为则是 $+D$,二

---

① Jonas H., *The Imperative of Responsibility: In Search of an Ethics for the Technological Age*, translated by Hans Jonas with David Herr, Chicago & London: Chicago University Press, 1984, p.76.
② 爱因斯坦:《爱因斯坦文集》第三卷,徐良英、赵中立、张宣三编译,北京:商务印书馆,2016年,第69页。
③ James S.M., *An Introduction to Evolutionary Ethics*, Chichester: John Wiley & Sons Ltd., 2011, p.51.

者共同构成 D。就是说,发展应当自觉地(而非盲目地)禁止不正当行为,积极地(而非消极地)从事正当行为。禁止不正当行为、从事正当行为的过程,构成实然发展与应然发展相互支撑、相互否定的可持续发展。可持续发展否定自在发展,扬弃自为发展,把人类个体的发展与人类历史的绵延作为使命和伦理目的。由此看来,可持续发展本质上是遵循自由规律、维系人类历史延续的伦理进程。

在可持续发展的视域中,主动律令应当正确地把握禁止与允许的内在关系,精准地确定不正当行为的界限、明确正当行为的界限,尤其注重把握二者的交集部分,智慧地处理禁止与允许的冲突,一以贯之地把发展伦理法则落实到发展行为与实践之中。这就要求在禁止与允许重叠交织的发展过程中,持之以恒地把发展伦理法则所蕴含的伦理精神融贯其中。换言之,主动律令要求,人类始终秉持发展伦理法则,通过尽物之性、扬弃自然之性,达成自由之性。主动律令的重要使命是,在以延续人类历史为目的的发展过程中,审慎考虑人类好的生活的各种要素,竭力弘扬人类生活世界的自由精神。

自然之性使人属于自然的一部分,因而使人不得不屈从于自然规律。自由之性使人具有道德自律能力,因而使人区别于其他动物与自然界。自律是指人具有自我立法的理性能力,能够认识到发展伦理法则的普遍有效性,并正确地应用之,即具备发展伦理法则的知行合一的伦理能力。自律涉及内在理性与外在行为,这就意味着人类应当自觉地承担知行合一的责任,既要为禁止负责,也要为允许负责,更要为人类历史负责。

根据行为后果之善恶或利害等,自律要求的责任可以分为惩罚型责任、赞赏型责任与历史责任。惩罚型责任主要有:应当禁止而没有禁止,应当允许而没有允许,或禁止与允许的冲突没能合理化解,或有害于人类历史发展等。赞赏型责任主要有:应当禁止而禁止,应当允许而允许,或禁止与允许的冲突得以合理化解,或有益于人类历史发展等。历史责任是指,在社会系统、自然系统与人类个体相关的历史行动中,把人类历史的绵延作为判断行为正当与否的最高标准。为此,人类既要具备正确行动的商谈程序与力量保证,又要设置强有力的纠错机制,以便及时纠正错误、弥补过失,保障人类自身始终如一地运行在维系人类历史使命的正确轨道上。

发展视域中的每个人都不是孤零零的个体,而是置身于人类历史洪流之中的不可分割、相互关联的个体。因此,伦理律令的实践既需要个体的自律,也需要人与人之间的相互监督,更需要人类自觉地建构良好的法律制度与公平的社会秩序。胡塞尔说:"人最终将自己理解为对他自己的人的存在负责的人。"[1]发展的伦理律令归根结底把人类理解为对人类历史负责的存在者,要求人应当始终如一地对人类历史负责。至此,发展伦理义务也就呼之欲出了。

三、"发展"的伦理义务

发展的伦理法则及其律令只有转化为相应的伦理义务,落实为人类生活的行为规范,才具有真正的实践价值和历史意义。发展伦理义务需要回答两大问题:谁之义务?何种义务?

(一) 谁之义务?

此问题的答案选项有三:(A) 生态系统的义务;(B) 社会系统的义务;(C) 人类的义务。

生态系统(即自然界)并不依赖人类与社会系统的健康运行,甚至也不需要人类与社会系统的存在。如果没有人类及其社会系统的参与,自然界的任何现象都只是与发展无关的自然运行。从本质上而言,"凡是在自然界里发生的变化……永远只是表现一种周而复始的循环"[2]。自然界没有自我意识与自由意志,也就没有自觉的认识、理性选择以及积极行动,因而也谈不上生态系统的发展。就此意义上讲,生态系统并不承担相应的发展义务。

---

[1] 胡塞尔:《欧洲科学的危机与超越论的现象学》,王炳文译,北京:商务印书馆,2005年,第324页。
[2] 黑格尔:《历史哲学》,王造时译,上海:上海书店出版社,2001年,第54页。

只有在人类与社会系统的世界中,新生事物才可能不断出现,发展才有可能持续前行。与发展有关的是,人类有目的地改造或影响的自然之物尤其是人类赖以生存的地球。对人类而言,"关爱地球是我们最为古老、最有价值、令我们最为愉悦的责任。关爱地球剩余资源,促使资源再生,是我们正当合法的希望"[①]。正是因为人类及其社会系统依赖自然资源而享有生存权利与发展权,所以有义务保障生态系统的健康运行。

另外,发展是每个人、所有人或人类历史的"尽其性"。"尽其性"是指每个人在自然属性的基础上,通过人为建构的社会系统与自然的生态系统,实现本质属性的过程。自然属性是生而具有的本然属性或实然属性,它潜在地具有追求自由的应然属性。每个人的发展是所有人发展的目的,也是所有人发展的条件。每个人具有自我发展不受外在阻滞的正当诉求。因此,每个人的发展诉求都要通过社会系统才有可能。人类与社会系统共同承担每个人发展和人类历史发展的使命和责任。

可见,人所建构的社会系统和人类应当承担发展的伦理义务,自然系统及其存在要素如动物等无须承担任何发展的伦理义务。

因此,排除(A),选择(B)与(C)。

(二)何种义务?

根据发展的伦理法则及其律令,人与社会系统的伦理义务是:遵循维系人类历史绵延不绝的伦理法则,把发展伦理律令落实为发展实践的正当诉求与伦理担当,即发展的伦理义务:不得危害社会系统、生态系统与人类存在,保障人类存在、社会系统、生态系统的健康运行,以达成维系人类历史绵延不绝之目的。具体而言,发展的伦理义务具有价值目的、构成要素、实践路径等三个基本层面。

1. 发展的价值目的之义务。在社会系统与生态系统相互作用的境遇中,发展最为核心的义务是人类的福祉与正义。这里所说的福祉是广义的善,指社会系统在生态系统的运行中带来的对人类有益的快乐、利益、幸福等主要关涉人之动物性(人之物性)的善。这里所说的正义也是广义的正义,指社会系统在生态系统的运行中,满足人类的尊严、价值、权利等主要关涉精神性(人之神性)的正当诉求。通常情况下,福祉、正义都是人尽其性的目的,都是发展的应有之义。发展的义务是达成福祉与正义相辅相成、共同促进的良好运行状态。问题是,当福祉与正义在发展过程中出现矛盾冲突时,何者优先?换言之,就发展的价值目的而言,A. 福祉优先于正义(福祉优先原则)? B. 正义优先于福祉(正义优先原则)? 或者 C. 何者优先?

在发展视域中,康德式的德福一致问题转化为福祉与正义是否一致的问题。福祉与正义的矛盾冲突属于善、善冲突的基本类型:人之物性之善与人之神性之善的冲突。这种冲突理论上呈现为功利论与义务论(福祉与正义)的冲突,实践上呈现为实然发展与应然发展的矛盾。如果说人性包括物性与神性,那么福祉是尽人之物性,是物性善;正义则是尽人之神性,是神性善。福祉是人类满足自身物性的尽其性,正义是人类满足自己作为理性存在者的尽其性。发展的尽其性其实就是尽人之物性与神性的至善。这种至善并非康德意义上的个体的德福一致,而是人类历史的绵延不绝。

既然福祉与正义都是尽人之性的应当目的,尽人之性的终极目的是人类历史的绵延不绝,那么会出现以下问题:(1)如果福祉危害人类历史,正义促进人类历史,则正义优先;(2)如果正义危害人类历史,福祉促进人类历史,则福祉优先;(3)如果福祉、正义都危害人类历史,则人类历史优先;(4)如果福祉、正义共同促进人类历史,则达成三者一致的最佳理想状态。这种状态的重要标志是,在生态系统与社会系统和谐一致的状态中,人类历史健康有序地持续前行。

2. 发展的构成要素之义务。发展的构成要素是社会系统、生态系统和人类个体。在秉持人类历史

---

① Pence G. E., *The Ethics of Food: A Reader for the Twenty-First Century*, New York: Rowman & Littlefield Publishers Inc., 2002, p.17.

优先的实践义务的过程中,如果三要素之间的义务发生冲突,何者优先?

人类个体的身体系统,是精神与肉体相统一的最为基本的伦理主体,是应当为人类历史绵延带来福祉文明、祛除危害灾难的发展伦理主体。在出生、生存、死亡的过程中,发展伦理主体应当善始、善生、善终,其基本义务在于避免身体系统的崩溃并使之良性运转。

如果身体系统是发展主体的直接身体,自然系统则是其间接身体。或者说,生态系统应当是为人类历史绵延带来福祉文明、祛除危害灾难的伦理生态。比较而论,直接身体主要体现伦理主体的独特性,间接身体主要体现伦理主体的共同性。正是因为自然系统的公共性,所以人人有权享有间接身体,人人有义务珍爱间接身体。

社会系统是维系并延续间接身体,以便维系并延续直接身体的伦理实体。或者说,社会系统应当是为人类历史绵延带来福祉文明、祛除危害灾难的发展伦理实体(主要是国家、国际组织等)。就此而论,社会系统是人类历史绵延的综合身体。直接身体、间接身体、综合身体可以看作人类历史绵延的第一身体、第二身体、第三身体。质言之,在人类历史优先的实践义务中,如果维系社会系统、生态系统与人类个体的义务之间发生冲突,人类个体优先于生态系统,生态系统优先于社会系统。

3. 发展的实践路径之义务。在秉持人类历史优先、人类个体优先的前提下,社会系统与人类各自应当承担何种实践路径之义务呢?

(1) 社会系统主要指国家以及各种社会组织,其中国家是最为主要的伦理实体。因此,我们这里所说的社会系统主要指国家。不同的国家应当承担不同的义务,富裕国家应当承担高于贫穷国家的义务,因为"富裕国家的消费水平比贫穷国家高出很多。富裕国家人口消费巨大,不仅是指那里存在大量人口,而且是指他们对生产系统的过量需求已经超越了他们自己国家的疆界"[①]。当然,无论富裕国家还是贫穷国家,都应当避免对生态资源的过度利用。在生态资源不可知、不可控、不可确定的情况下,无法预知生态系统可以支撑多少资源损耗。因此,应当秉持预防原则的基本义务。何为预防原则?马尔腾(Gerald G. Marten)解释说:"只有当生态系统的使用强度始终小于看上去的最大值时,生态系统服务才可以在一个真正可持续发展的基础上进行,这就是预防原则。"[②]预防原则实际上是生态系统免遭破坏的底线伦理诉求。

所有人类与环境的相互作用,最终都是地方的。社会系统必须维系真正的民主与社会公平,珍爱当下的人类个体,考虑未来一代以及地球上除了人类以外的栖息者。在帕菲特(Derek Parfit)看来:"尔今最为重要之事就是如何应对人类生存的各种危机。……如果我们能够降低这些危机,我们的后代或继承者或许能够扩散到整个银河系而消除这些危机。"[③]社会系统在评估未来需求的决策与行动中,必须保证充分的地方参与以及正常的民主商谈程序,才可能寻找到长期有效的路径,确立普通人对可持续发展的义务与担当。

(2) 人类的使命与单纯自然的使命是完全不同的,"在人类的使命中,我们无时不发现那同一的稳定特性,而一切变化都归于这个特性。这便是一种真正变化的能力,而且是一种达到更完善的能力——一种达到'尽善尽美'的冲动"[④]。事实上,尽善尽美这个原则"全然是一种不肯定的东西"[⑤]。之所以不肯定,因为它是发展的自由本性,这就是尽其性的本质——"尽善尽美"的自由冲动。归根结底,发展就是每个人或所有人实现其自由本质的正当诉求与实践历程。

在发展过程中,每个人具有克服自我脆弱与外在限制以便积极主动地提升自我、实现自我的正当诉

---

① 杰拉尔德·G. 马尔腾:《人类生态学——可持续发展的基本概念》,顾朝林、袁晓辉等译校,北京:商务印书馆,2012年,第12页。
② 杰拉尔德·G. 马尔腾:《人类生态学——可持续发展的基本概念》,顾朝林、袁晓辉等译校,北京:商务印书馆,2012年,第168页。
③ Parfit D, *On What Matters*, Volume Three, Oxford: Oxford University Press, 2017, p.436.
④ 黑格尔:《历史哲学》,王造时译,上海:上海书店出版社,2001年,第54页。
⑤ 黑格尔:《历史哲学》,王造时译,上海:上海书店出版社,2001年,第55页。

求,这也是发展权的本质。作为人权的发展权只是个人权利,每个人维系其发展权,也就意味着应当承担相应的义务,即不得危害人类历史的主体,不得阻碍他人或自己的发展权。值得注意的是,富人与强者应当承担高于穷人与弱者的实践义务,因为,一方面,富人与强者占有消耗的自然资源高于穷人与弱者,另一方面,自然资源并非仅仅属于富人与强者或穷人与弱者,而是人类共同拥有的第二身体。鉴此,帕菲特(Derek Parfit)强调说:"尔今最为重要之事就是富人放弃一些奢侈。"[1]一般而论,即使最为贫穷之人,其消费的自然资源也明显高于其他生物。因此,最为贫穷之人也要承担相应的义务,其他生物则不承担任何义务。

综上,每个人既要维护社会系统的良性运转以使社会系统为发展权服务,又要禁止破坏自然资源,自觉维系保护自然环境,使人类得以延续。

结语

有限的地球资源与人类无限的资源需求之间,不可避免地发生冲突甚至尖锐矛盾。目前,人类面临的这种冲突尤为严重:"一场全球性的衰退正在酝酿,人类已经无处可去。"[2]为了应对这种前所未遇的发展困境,人类历史绵延优先就成了必然的伦理法则。需要强调的是,发展伦理法则把人类历史的持续作为绝对命令或发展的根本目的,并非否定人类的福祉功利与道义价值,而恰恰相反,是为了更好、更长久地维系人类的福祉功利与道义价值。换言之,发展的伦理诉求就是为了更好地维系人类历史的绵延。

---

[1] Parfit D, *On What Matters*, *Volume One*, Oxford: Oxford University Press, 2011a, p.419.
[2] 杰拉尔德·G. 马尔腾:《人类生态学——可持续发展的基本概念》,顾朝林、袁晓辉等译校,北京:商务印书馆,2012年,第166页。

附 录

探寻中国伦理道德发展的精神轨迹

——《中国伦理道德发展数据库》暨"中华伦理记忆工程"建设纪实

记者 吴 楠[*]

夏日的夜晚,花草打着哈欠,鸟儿也不再歌唱,皎洁月光下的东南大学校园很是静谧。走进该校道德发展研究院的会议室,这里却热闹非凡。"应当保持调查问卷的稳定性以发现变迁轨迹,同时开拓实验调查研究。""一两个数据不能说明问题,要通过数据链、信息流,建立海量数据间的相互关联,从而得出研究结论。"各种意见和观点在相互交流碰撞……老师和同学们正热烈分享着推进"伦理道德国情调查研究工程"实践工作的真知灼见。

"这样的场景已是学术日常,从2007年至今,类似的研讨在我们团队已经数不胜数了。"东南大学资深教授、道德发展研究院院长樊和平告诉记者,在江苏省委宣传部、省文明办支持下,东南大学主持的江苏省道德发展智库(以下简称"道德发展智库")、江苏省公民道德与社会风尚协同创新中心、江苏省"道德国情调查研究中心",协同全国五大顶级研究团队:北京大学世界伦理中心杜维明团队,吉林大学哲学基本理论研究中心孙正聿、贺来团队,华东师范大学中国现代思想文化研究中心杨国荣团队,中山大学马克思主义哲学与中国现代化研究所李萍团队,中国人民大学伦理学与道德建设研究中心姚新中、曹刚团队,组建为全国范围内以一流学者、一流学科为主体的创新团队,以党的十七大、十八大、十九大为三大里程碑,以改革开放30年、35年、40年为重大时间节点,分别于2007年、2013年、2017年进行了三轮全国伦理道德国情调查,2007—2009年间进行了六轮江苏伦理道德省情大调查,出版了1 000多万字的《中国伦理道德发展数据库》(7卷12册),200多万字的《中国伦理道德报告》《中国大众意识形态报告》,完成300多万字的《中国伦理道德发展报告》《中国伦理道德发展的精神哲学规律》,鲜明揭示了改革开放40多年来中国伦理道德发展的轨迹与规律,演绎中国伦理道德发展从"三十而立"到"四十不惑"的精神发展史。

图1 《中国伦理道德发展数据库》(7卷12册) 作者供图

---

[*] 原文已发表于《中国社会科学报》2021年8月27日。

调查显示,自党的十七大至十九大,中国社会大众的伦理道德发展呈现"二元聚集—核心价值观引领—共识生成"的精神轨迹。调查表明,现代中国文化依然是一种伦理型文化,"有伦理,不宗教"是一以贯之的中国传统和中国气派。樊和平说,中国社会大众的伦理道德发展遵循伦理型文化的独特规律,应当将伦理道德发展上升为国家文化战略,推进"作为国家文化战略的伦理道德发展",以伦理精神发展凝聚民族精神,在回归伦理道德的精神家园中建构伦理型文化的现代中国形态。

发出"伦理道德发展转折"预警

"面对中西古今激荡,学界在学术引进中常常依据西方理论分析和诊断中国伦理道德,所提出和研究的很多不是真正的中国问题。"依据这一观察,东南大学伦理学团队致力于通过系统深入的调查,发现真正的中国问题及其理论前沿,更好地履行高校智库推进文化传承和服务国家重大战略的双重使命。

2005年,我国首次设立国家社会科学重大招标课题,樊和平作为首席专家申报的"构建社会主义和谐社会进程中的思想道德与和谐伦理建设的理论与实践研究"课题成功入选。立项后,课题组摸着石头过河,苦苦探索"如何发现真正的中国问题"。2006年,江苏省委宣传部委托樊和平作为首席专家之一主持江苏省哲学社会科学基金重大项目"当前我国思想、道德、文化多元、多样、多变的特点及其规律的调查研究"。经再三考虑,樊和平决定整合两个课题,带领团队于2007年启动伦理道德国情大调查(以下简称"调查")。

首次开展以人文科学为主题的大调查,如何将抽象的伦理道德转化为社会大众理解和关心的日常问题,如何设计调查问卷,如何搭建调研团队,都成为亟待解决的难题。经过富有成效的艰苦探索和热烈讨论,"伦理道德国情调查研究工程"团队(以下简称"团队")将2007年伦理道德调查问卷设计为四大结构:伦理关系调查、道德生活调查、伦理—道德素质调查、伦理道德发展的影响因子及其建设效果调查。采用多阶段分层抽样的方式在江苏、广东、新疆和广西四地综合抽样,其中江苏、广东代表发达地区,广西、新疆代表发展中地区和少数民族地区;在江苏也分别以苏州和盐城为两类地区的代表抽样。以政府公务员群体、企业家与企业员工群体、青少年群体、青年知识分子群体、新兴群体、弱势(困难)群体六大群体为调研对象,分别进行问卷调查、座谈交流、个别访谈,共投放问卷10 000多份,被称为"万人大调查"。

图2 伦理道德国情调查现场 作者供图

初次进行调查,大家热情高涨,但深入一线才发现其中的困难远比想象的要多得多:没有领导难以组织座谈会,但来了领导受访者又有顾忌;团队不熟悉实证调查方法等。调查过程也异常艰辛,但最终调查员都一一克服。

在调查实践过程中,团队成员有了很多发现。其中最重大的发现是:改革开放以来,中国社会大众伦理道德和思想文化已经不是简单的多元、多样、多变,而是多元向二元聚集,在许多问题上两种截然相反的认知判断势均力敌,伦理道德和大众意识形态呈现"50%状态"的二元体征,这具体表现为"伦理—道德"对峙、"义—利"对峙、"德—福"对峙、"发展指数—幸福指数"对峙、"公正论—德性论"对峙。"二元体征预示着中国伦理道德发展和大众意识形态已经进入一个重大转折的敏感期,国家意识形态迎来最佳干预期。"该研究成果在《中国社会科学》2009年第4期发表,向社会发出了第一次预警。

2012年,基于此次调查形成的《中国伦理道德报告》《中国大众意识形态报告》在北京发布。时任中共中央政治局常委李长春在《光明日报》报送的内参上作了重要批示。调查也使团队发现了工作中存在的不足,于是开始在全世界范围内招聘,组建了一支国际化的社会学研究团队。

值此之际,2011年10月,党的十七届六中全会作出建设社会主义核心价值体系的战略部署;2012年,党的十八大提出"倡导富强、民主、文明、和谐,倡导自由、平等、公正、法治,倡导爱国、敬业、诚信、友善,积极培育和践行社会主义核心价值观"。"可见,国家意识形态在我国伦理道德发展转折的关键期和高度敏感期适时干预,发挥了重大引领作用。这也说明,我们团队发现的问题比较准确及时,与中央战略非常吻合。"樊和平说。

探寻伦理道德发展价值共识生成条件

道德国情调查得到时任江苏省委常委、宣传部部长王燕文的高度关注和大力支持。在党的十八大召开之后的第二年——2013年江苏省委宣传部启动"公民道德发展工程研究"重大项目,提供经费支持进行第二轮全国和江苏伦理道德调查,其中全国调查搭载中国人民大学中国调查与数据中心的中国综合社会调查(CGSS)项目进行。东南大学人文学院院长王珏介绍,此次在全国一共调查480个村/居委会,最终完成了有效调查样本5 666个。

通过分析第二轮调查的信息发现,中国伦理道德发展的二元对峙的状况已经悄然转变。一方面二元聚集仍在继续,另一方面二元聚集开始分化,进入价值共识生成的关键期。面对这一历史时机,学术研究必须做好由"二"到"一"的理论准备。通过对调查所发现的三大轨迹,即伦理道德发展问题轨迹、转型轨迹以及与大众意识形态的互动轨迹进行分析,樊和平认为切实推进两大基础理论研究的不断深化已迫在眉睫:一是我国伦理道德发展的精神哲学规律研究,二是社会大众伦理道德共识的意识形态期待研究。

研究发现,中国伦理道德发展遵循与西方截然不同的伦理型文化的特有规律,即伦理—道德一体律、伦理优先律、"精神"律,这是三大基本文化规律;在由多元走向二元聚集的背景下,中国社会大众伦理道德发展的文化共识的生成有三大意识形态期待:期待一次"伦理"觉悟,期待一场"精神"洗礼,期待一种"还家"努力。其中,"'伦理'觉悟"的要义是保卫伦理存在,其核心是治理腐败和推进分配公正;"'精神'洗礼"的要义是扬弃西方理性主义的文化殖民,回归中国的"精神"传统;"'还家'努力"的要义是"还"中华民族优秀伦理道德传统之"家"、中国伦理型文化传统之"家"。该成果在《中国社会科学》2015年第12期发表,向社会发出了第二次预警。

构建伦理道德发展测评体系

由于第二轮全国调查的信息量不够大,2016年8月,道德发展智库与江苏省委宣传部、省文明办协同,组织了320多位师生,在江苏省13个设区市、41个县(市),抽样70个区县、139个街道、248个社区,开展覆盖全省万户家庭的第三轮伦理道德省情大调查。此次调查总样本量达7 000份,其中有效样本量为6 355份(成人问卷),同时完成青少年问卷704份。与以往的信息采集不同,这次除调查江苏各地伦理道德发展状况,还要进行伦理道德发展测评。

伦理道德发展能否测评?如何测评?全面推开的伦理道德发展测评是一场没有直接经验借鉴的社会试验和学术创新,首要难题是测评体系的建构。"这个测评体系建得非常艰难,经过一年多的研讨,前后写了13稿,最后与江苏省文明办领导一起于凌晨2点才确定下来。"樊和平告诉记者,他们先建立理论构架,形成公民的道德自主力、家庭的伦理承载力、集团的伦理建构力、社会的伦理凝聚力、政府的伦理公信力、生态的伦理亲和力、文化的伦理兼容力的"七力"评估理论体系,作为学术论文发表后经受学术批评和检验,然后与江苏省文明办领导对话整合,根据工作推进和相关要求建立一个可操作的测评体系。

团队成员严格按照社会学方法在13个地市进行分层抽样,然而常遇到不可预测的情况,不仅有的村庄非常偏僻,而且城市的住房空置率很高,达40%以上,调查人员经常跑空,必须重新抽样。调查内容多,问卷题量大,也给调查带来很大难度,说服大家尤其农民做问卷很难,往往要先跟他们聊天,然后将问题转换成他们理解的语言,才能很好地完成调查。

如是种种,各种问题层出不穷,但团队成员仍然坚持了下来,他们相信这是一项很有意义的工作。与此同时,他们也探索出一些创新方法:为了测量社会公正指数,他们会到城市道路上测量机动车道、非机动车道和人行道的宽度及各自所占交通资源的比例;为了测量社会文明程度,他们会拎着摄像机在路口记录绿灯时间是否足够老人过马路;为了测量伦理亲和力和伦理信任度,他们会站在街角记录人们对陌生人微笑的指数……

事实证明,这一切付出与努力都是值得的。为了落实测评,江苏省委宣传部和省文明办每次都发布红头文件对江苏13个市作工作布置,并将测评结果作为文明城市建设的重要依据向社会公布,有力推动了江苏各地的精神文明建设和伦理道德发展。据了解,这是全国第一个伦理道德测评体系,也是迄今为止全国唯一持续推进的省级以上道德测评体系,受到中央文明办表扬。2021年,团队将进一步修订和完善这一测评体系并开展新一轮测评。

中国社会大众形成三大文化共识

2017年10月,党的十九大召开。当年,道德发展智库与江苏省委宣传部、江苏省文明办协同,开展第三轮全国和第四轮江苏省道德发展状况调查。此次调查过程由北京大学中国国情研究中心通过招标完成,东南大学伦理团队负责问卷设计,提供经费,全程监督并进行后期数据分析,建立数据库。王珏说,为解决流动人口的覆盖偏差问题,调查采用"GPS/GIS辅助的地址抽样"方法,以单元格内人口数为规模度量,按照分层、多阶段的概率与规模成比例的方法进行选取。

调查于2017年8—11月在全国29个省(自治区、直辖市)、89个市、143个县(市)进行,派出督导员30人,访员185人。全国调查共抽取13 358个符合调查资格的住宅单位,完成8 755个有效样本,有效回答率为65.5%;江苏道德省情调查实际共抽取6 523个符合调查资格的住宅单位,完成4 362个有效样本,有效回答率为66.9%,同时完成青少年样本量576个。2018年和2019年,东南大学继续委托北京大学中国国情研究中心组织开展第五轮和第六轮江苏省道德发展状况调查,同时进行测评研究。

"北京大学中国国情研究中心调查完将数据进行初步处理后,就交给我们进行分析。我们利用2007年至2017年的三轮全国调查、六轮江苏调查的数据,建立并发布了1 000多万字的《中国伦理道德发展数据库》(2018年),全方位呈现改革开放40年中国社会大众伦理道德发展的共识与差异。"樊和平表示:"可以说,我们现在拥有中国最专业、最系统、最权威的伦理道德发展数据库。"

2018年正值改革开放40周年,社会主义核心价值观提出6周年。中国社会大众在伦理道德领域到底形成了哪些文化共识？樊和平告诉记者，调查显示，改革开放40年，中国已经形成三大最重要的文化共识：一是伦理道德的文化自觉与文化自信，包括伦理道德传统的文化认同与回归期待，对伦理道德优先地位的文化守望，对伦理道德发展的文化信心。二是伦理道德现代转型的文化共识。调查表明，中国社会大众最认同的伦理关系（"新五伦"）是父母子女、夫妻、兄弟姐妹、个人与社会、个人与国家；中国社会大众最认同的道德规范（"新五常"）是爱、诚信、责任、公正、宽容，呈现"伦理上守望传统，道德上走向现代"的转型轨迹。三是形成"家庭—社会—国家"三大伦理实体的文化共识。这三大共识展现现代中国伦理型文化"认同—转型—发展"的精神谱系。该成果在《中国社会科学》2019年第8期发表，向社会发出第三次预警。

通过对2007—2017年全国调查数据库以及2018年、2019年江苏调查数据进行分析，樊和平发现，就伦理道德发展的文化共识而言，我国地域差异和城乡差异很小；最大的差异发生在群体之间。樊和平说，数据显示，在一些重大问题的认知判断方面，干部、企业家两大群体与工人、农民两大群体之间呈现两极差异的特点，尤其表现为对伦理道德的满意度、对最重要伦理关系的认同、对分配公正的认知和干部道德发展状况的认识等方面，干部群体、企业家群体是在差异的极值中出现频率最高的两个群体，因而，他们与其他社会群体的文化共识，是当今中国社会共识凝聚的重要课题。这也意味着，改革开放40年，中国社会大众已经形成关于伦理道德发展的文化共识，但共识的进一步凝聚和提升还有待各群体之间更深入的社会实践与对话。

"三大文化共识的形成，标志着经过改革开放40年的激荡，中国社会大众的伦理道德发展进入'不惑'之境，由此迈向'知天命'的新征程。"樊和平非常形象地说。伦理道德的文化共识一旦形成，就具备把社会大众动员和凝聚起来的精神力量，预示一个集体行动时代已经到来。所以，团队下一步将着力推进的重大课题，就是伦理道德发展的文化战略研究。2019年，东南大学成功举办"伦理道德发展的文化战略国际研讨会"，拉开了该研究进程的序幕。

樊和平认为，20世纪是文化大发现的世纪。20世纪以来西方国家的核心战略是文化战略，从韦伯的"理想类型"、丹尼尔·贝尔的"文化矛盾"，到亨廷顿的"文明冲突"，再到"全球化"，标志着西方国家文化战略的生成轨迹和话语演进，其中伦理道德是一以贯之的核心问题。因此，着眼于当今的中国公民道德与社会风尚，伦理道德发展具有国家文化战略、国家文化安全的意义，须臾不可忽视，必须将进一步加强伦理道德建设上升为国家战略，推进"作为国家战略的伦理道德发展"，从文化自觉、文化自信，走向文化自立。

调查发现了中国伦理道德发展的新特点和新规律，如十年来，"老无所养""生态环境恶化"已逐渐上升为人们最担忧的问题。樊和平表示，中国已经进入老龄文明时代，必须把老龄化当作一种文明形态而不只是问题治理，当一个国家拥有30%以上的老年人口时，文明形态已经发生变化，中国老龄化的最大国情是聚焦"独生子女邂逅老龄化"问题，整个社会必须做好应对之策的理论与实践双重维度的准备，为促进中国社会现代化发展新道路开创新的文明形态助力。

建构本土化的伦理学理论范式

为了更好地整合、利用、共享《中国伦理道德发展数据库》，2018年，由王珏主持的国家社科基金重大项目"改革开放四十年中国伦理道德数据库建设研究"开题。以该课题为牵引，团队将在前期调研数据的基础上，进一步厘清伦理道德数据库的理论基础与逻辑框架，在道德数据库网络平台建设与运行的基础上加大相关数据库的共享与研究，建立"中华伦理记忆信息平台"。

王珏告诉记者，"中华伦理记忆信息平台"是一个浩大的学术工程，包括已经初步完成的伦理道德发展数据库、中国社会组织伦理状况（深度访谈）信息库，已经启动但还未完成的重大伦理事件信息库、伦理表情图库、道德生活口述史信息库。

为了更深刻地了解改革开放以来中国社会伦理道德变迁，在大变革时代较完整地保留一代人的集体伦理记忆,王珏带领团队开展了"道德生活口述史"项目,在2019年至2021年间组织300余位口述史访谈人员,从道德信仰、家庭伦理、职业伦理、社会公德四大板块,按照"本—硕—博—师"团队模式,进行6期"道德生活口述史"访谈。目前已完成道德生活口述史的深度访谈录音969余份,整理文字资料1 000多万字。

"这些口述史资料不仅可以与问卷数据相互印证,使问卷数据更立体,还可以将人们的伦理道德认知和感受留存于史,从日常生活伦理入手弥补伦理断裂,丰富伦理理论,完善伦理景象。"王珏说,下一步就要根植中国现实土壤,深入挖掘数据资源,探索建构本土化的伦理学理论范式。

调查是轰轰烈烈的,研究则是坐冷板凳。"每年暑假,我都会'钻'进东南大学四牌楼校区的办公室。早上进办公室,中午去对面的食堂吃饭,晚上回家。我觉得这些日子最为享受,很简单,又很充实。外面炎炎夏日,而我却能在这里安安静静地思考研究,因而,我一直坚持一个信条:学术研究可以讲错话,但绝不能讲假话,我们做的研究和提出的智库建议要对得起老百姓。这也是我们进行学术研究的底线。"樊和平说。创新是哲学社会科学发展的永恒主题,也是社会发展、实践深化、历史前进对哲学社会科学的必然要求。真学问体现人民性,就是为人民做学问。习近平总书记强调要始终坚持以人民为中心,站在人民的立场上强化为人民做学问的研究导向。深入贯彻党中央重大决策部署,学术研究和智库研究必须切实履行好文化传承和服务国家重大战略需求的双重使命,我们坚信,勇于推进实践创造上的重大基础理论研究创新,研究成果就能真正经得起实践、人民和历史检验。

"为学术立命,为决策立据,为时代留集体记忆,为世界开浩然正气",作为建设理念,这块匾牌悬挂于东南大学道德发展研究院墙壁,也镌刻洋溢在团队成员的精神气质之中。"拿得出、用得上、留得住、经得起时间检验"是道德发展智库的目标。谈到未来发展,樊和平说,调查不仅是为了发现事实,还要在此基础上做出尖端性、前瞻性、引领性的研究。伦理道德调查仅呈现事实是远远不够的,还要具有人文科学的理想主义精神,能够在理论与实践相结合中引领现实,这才是其研究价值的学理逻辑意义所在。

在樊和平看来,一个民族如果缺乏宏大高远的理论建构,必定会因精神空虚走向衰落,这样的历史教训非常深刻,人文社会科学工作者必须以扎实的学术研究服务国家战略。中国不但是礼仪之邦,而且是伦理学的故乡,伦理学是最应该也是最有条件建立文化自信、学术自信的学科,要在继承中国优秀伦理学传统和伦理道德资源的基础上,通过持续科学的调查研究,在新发现的基础上进行新解释,建构新理论,谋划新战略。为此,2010年建立了江苏省"道德哲学与中国道德发展创新团队",并大力推进国际合作,先后与耶鲁大学全球正义研究中心联合建立"社会公正与人类道德发展研究中心",与耶鲁大学全球正义研究中心、莫斯科大学全球进程中心联合创办《伦理研究》刊物。

图3　社会公正与人类道德发展研究中心

三大里程碑、三轮全国调查、六轮江苏调查……十余年来，伦理道德国情大调查跟踪记录着中国社会大众伦理道德变迁的轨迹，探寻着我国伦理道德发展特有的文化气派和文化规律。高质量发展是"十四五"乃至更长时期我国经济社会发展的主题，关系我国社会主义现代化建设全局。习近平总书记强调，"高质量发展不只是一个经济要求，而是对经济社会发展方方面面的总要求"，改革发展任务越重越需要智力支持。2022年，我们即将迎来党的二十大，为党的科学决策与国家政策生产提供扎实的学理支撑和智力支持，学术界责无旁贷。樊和平告诉记者，面向未来，要进一步深化回应时代需求、满足人民需要的中国伦理学研究。团队将以此为契机，开展第四次全国伦理道德国情大调查。当下，团队成员正在围绕问卷修订、测评体系完善、调研安排等紧锣密鼓地准备着……